高职高专"十二五"规划教材

有机化学

李　勇　张新锋　主编

化学工业出版社

·北京·

这本《有机化学》教材是随着我国高职院校教学模式向“以任务为驱动，以项目为载体，教、学、做一体化”的教学模式的转变应运而生的。教材内容以实验项目为主线，穿插讲述烷烃，烯烃、炔烃，芳香烃，卤代烃，醇、酚、醚，醛、酮，羧酸及其衍生物，胺，杂环化合物，氨基酸与蛋白质等有机化学的基础知识，辅以阅读材料，知识性、趣味性强，实用性广。本教材注重理论与生产实际相结合，在编写教材的过程中，编者多次到相关化工企业走访调研，结合目前化工企业岗位需求选取实验项目。

本教材可以作为高职高专有机化学及实验教材，适用于化工、环境、轻工、制药、生化等相关专业的教学。

图书在版编目(CIP)数据

有机化学/李勇，张新锋主编. —北京：化学工业出版社，2014.6（2020.10重印）

高职高专“十二五”规划教材

ISBN 978-7-122-20442-4

Ⅰ.有… Ⅱ.①李…②张… Ⅲ.①有机化学-高等职业教育-教材 Ⅳ.①O62

中国版本图书馆CIP数据核字（2014）第077263号

责任编辑：窦　臻　　文字编辑：糜家铃

责任校对：王素芹　　装帧设计：王晓宇

出版发行：化学工业出版社（北京市东城区青年湖南街13号　邮政编码100011）

印　　装：三河市延风印装有限公司

787mm×1092mm　1/16　印张9¾　字数235千字　2020年10月北京第1版第6次印刷

购书咨询：010-64518888　　售后服务：010-64518899

网　　址：http://www.cip.com.cn

凡购买本书，如有缺损质量问题，本社销售中心负责调换。

定　　价：25.00元

前言

有机化学是化工、医药、食品、环保和农林等专业的重要专业基础课程。目前面向高职高专的《有机化学》教材版本很多，且各具特色。随着我国高职院校教学模式向“以任务为驱动，以项目为载体，教、学、做一体化”的教学模式的转变，教材需要进一步增强实用性。同时，高职院校生源知识层次也在不断变化。为了适应这些转变，我们编写了本教材。

本教材具有以下特点：

1. 与生产实际相结合。编写教材的过程中我们调动所有一线教师，充分利用黄河三角洲区域经济优势，到各大石化企业走访调研，认真听取企业技术人员的建议，并聘请有教学经验的企业专家为编委。教材内容密切联系真实生产装置与最新科研、监测等技术，还联系了全国高职院校技能大赛的相关项目。

2. 小班化教学。建议本教材的课堂教学在多媒体实验室、仿真实训室等进行。

3. 以学生为中心，围绕“做”做文章。教材每章都选取了典型实验，实验以学生为主，教师为辅，学生“在做中学，在学中做”。

4. 知识性与趣味性相结合，理论性与实践性相结合，努力降低学生学习的疲劳感。每章的【生活常识】、【阅读材料】增强了教材的知识性与趣味性；每章的【实验项目】、【基础知识】又把理论与实践联系起来。这样学生有学习兴趣，容易接受知识，并不会有疲劳感。

5. 章结构设置包括【知识目标】、【能力目标】、【生活常识】、【实验项目】、【基础知识】、【练一练】、【想一想】、【阅读材料】、【本章小结】、【课后习题】等专题。

6. 本教材仍然按传统的官能团顺序编写，便于学生系统地掌握有机化学的理论知识。分为绪论，烷烃，烯烃、炔烃，芳香烃，卤代烃，醇、酚、醚，醛、酮，羧酸及其衍生物，胺，杂环化合物，氨基酸与蛋白质共 11 章。

本书由东营职业学院李勇、张新锋主编。第一～四章、第九章由张新锋编写，第五～八章由王红编写，第十章、第十一章由韩宗编写。全书由李勇教授统稿。中国石油大学安长华教授主审。另外参加编写、讨论及校稿人员有：东营利华益集团李新强工程师，山东大王职业学院李少勇教授，福耀集团尚贵才工程师，东营职业学院巴新红副教授、孙秀芳副教授。在此一并表示感谢。

由于编者水平有限，时间仓促，有不当之处，恳请各位同仁批评指正。

编者

2014 年 3 月

目录

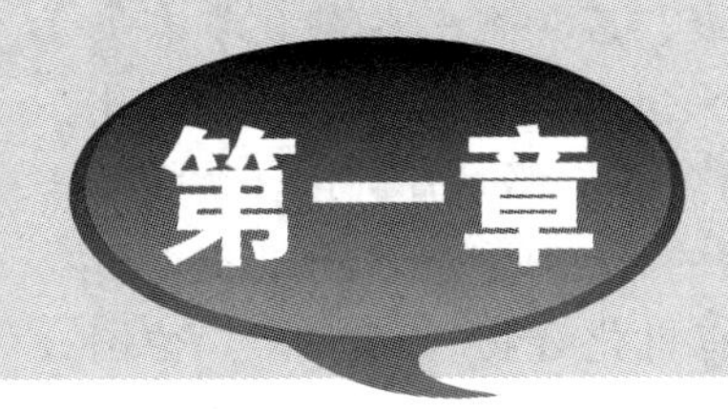

初步认识有机化学

1. 了解有机化学与有机化合物
2. 了解学习有机化学的方法

能力目标

1. 站在一个学科的高度来认识有机化学
2. 有机化学知识的应用性，激发学习兴趣，培养自学能力

生活常识　衣、食、住、行与有机化学

有机化学在人们衣、食、住、行各个环节无所不在。例如，做衣服的布料有尼龙、涤纶等，尼龙是分子中含有酰胺键的树脂，自然界中没有，需要靠化学方法得到；涤纶是用乙二醇、对苯二甲酸二甲酯等合成的纤维。在食品方面有酒、醋、糖、维生素等，例如，各种饮用酒是由粮食等原料发生一系列化学变化制得的。在住方面有了有机化学才有了多彩的装饰，例如有机玻璃可以用来加工灯具、橱窗、纽扣、卫浴、果盘等。交通运输方面，没有燃料的燃烧放出热量，车辆根本无法开动，例如汽油、天然气等。

有机化学与有机化合物

一、有机化学的发展

自古以来，人类在日常生活、医药和炼金术活动中都接触过大量的有机物质。例如世界各大文明古国很早就掌握了酒、醋、糖等一些简单的有机物的加工技术；学会了靛蓝、茜草等染色技术；制备了有机药物如生物碱、有机酸、维生素等。

直到18世纪后期，有机化合物的分离提纯工艺有了较快发展。1780年，瑞典化学家贝格曼第一次明确提出“有机物”的概念。1806年瑞典化学家贝采里乌斯首次提出“有机化学”一词。当时“有机化学”是作为“无机化学”的对立物而命名的，那时有机化合物大都是从动、植物的生命体中提取出来的，这就是有机化学最初发展的第一阶段——分离提取阶段。也是因此许多化学家错误地认为只有“生命力”才能产生有机化合物。1828年，德国化学家维勒将氰酸铵的水溶液加热制得了尿素，才打破了“生命力”说。

继维勒之后，又有人于1845年合成了醋酸，1854年合成了脂肪。维勒等人的这些发现证明，无机物和有机物之间并无绝对的界限，它们在一定条件下是可以转化的。这就是有机化学最初发展的第二阶段——简单合成阶段。

19世纪下半叶，有机合成研究工作取得了迅猛的发展，在此基础上，于20世纪初开始建立了以煤焦油为原料，生产合成染料、药物、炸药为主的有机化学工业。于20世纪40年代开始的基本有机合成的研究又迅速地发展了以石油为主要原料的有机化学工业，这些有机化学工业，特别是以生产合成纤维、合成橡胶、合成树脂和塑料为主的有机合成材料工业，促进了现代工业和科学技术的迅猛发展。

现代有机化学发展进入有机合成时代，人们不但能够合成自然界中已有的许多有机物，而且能够合成自然界中原来没有的多种性质优良的有机化合物，如合成树脂、合成橡胶、合成纤维和许多药物、染料等。因此，“有机物”一词也失去了原有的含义，只是大家习惯用这个名称，所以一直沿用至今。

二、有机化合物

1. 有机化合物

研究发现，绝大多数有机化合物都含有碳、氢两种元素，其他有机化合物可以认为是这些烃类化合物的衍生物。例如甲烷、乙烯、酒精、四氯化碳、醋酸、葡萄糖等都是人们所熟悉的。这些化合物的元素组成有一个共同的特点：都含有碳元素和氢元素。另外，从上面所列的化合物可以知道这些有机化合物除了含碳、氢外，有的还含有氧、氮、硫、磷和卤素等。

在化学上，通常把只含有碳、氢两种元素的化合物简称为烃，因而有机化合物亦称烃及其衍生物。有机化学就是研究烃及其衍生物的组成、结构、制备、性质及其变化规律的科学。

2. 有机化合物的特点

(1) 种类繁多

目前从自然界发现的和人工合成的有机物已达几百万种，而无机物却只有十来万种。这是由于碳原子跟碳原子之间能通过共价键相结合，形成长的碳链。例如，碳、氢两种原子可形成很多种烃类化合物甲烷、乙烷、丙烷等等。这是有机物种类繁多的主要原因之一。另外，组成相同的有机化合物，由于碳原子间的连接方式、连接顺序或原子（基团）在空间的相对位置不同会有不同的性质，这种现象叫同分异构现象，例如辛烷可能的异构体数目是18个，所以有机物种类繁多。

(2) 大多数有机化合物容易燃烧

一般有机化合物都含有碳和氢两种元素，因此容易燃烧，生成二氧化碳和水，同时放出大量的热量，如甲烷、酒精和石油等。而大多数无机化合物，如酸、碱、盐、氧化物等都不能燃烧。因而有时采用燃烧实验来区别有机物和无机物。

（3）大多有机化合物熔点、沸点不高

在室温下，绝大多数无机化合物都是高熔点的固体，而有机化合物通常为气体、液体或低熔点的固体。因为有机化合物分子间仅存在较弱的分子间作用力，因而熔点、沸点都很低。大多数有机化合物的熔点一般在400℃以下。例如，葡萄糖的熔点是146℃，而氯化钠的熔点是801℃。一般地说，纯粹的有机化合物都有固定的熔点和沸点。因此，熔点和沸点是有机化合物的重要物理常数，常利用测定熔点和沸点来鉴定有机化合物。

（4）大多数有机物属于非电解质，不易溶于水而易溶于有机溶剂

例如食用油难溶于水，而易溶于汽油。这是因为有机物分子中原子间具有明显的共价键性质。但是当有机物分子中含有能够与水形成氢键的基团时，则易溶于水，例如乙醇与水任意比互溶。

（5）有机物之间的反应往往很慢，常需使用催化剂，并且常伴有副反应

有机化学反应往往比较复杂，同一反应物在相同的反应条件下往往会得到不同的产物，一般把反应物主要进行的一个反应方向，叫做主反应，其他的反应叫做副反应。由于副反应的存在，降低了主产物的产率，因此为了提高主产物的产率，必须选择最有利的反应条件。

学习方法　怎样学好有机化学

首先，有机化学课程内容是一个完整的知识体系，并且规律性特强。例如上面提到的有机物的特点，所以学习中要注重基本规律的学习。

其次，做好每一个实验项目。本教材课程内容的设置的主线是不同官能团的有机化合物的制备或性质实验。通过实验，大家可以从感性上认知，例如甲烷的制备与性质，通过实验我们制出甲烷，通过我们的视觉、嗅觉、听觉等来认识甲烷这种物质，进一步通过甲烷的性质实验，更多的关于甲烷的知识就会印在我们的脑海中。

再次，站在一个学科的高度来认识有机化学。通过了解有机化学的发展史、有机化合物对我们日常生活的影响、有机化合物对国民经济的促进作用来认识有机化学的重要性，进而增强学习有机化学的兴趣。

最后，不断地总结、及时地复习有机化学知识。通过实验的感性认知，写出相关的知识要点，并及时复习。认真做好每章的课后习题，发现自己学习中所掌握知识的问题与难点，切实学好有机化学相关内容。

阅读材料1　有机蔬菜与无公害蔬菜

有机蔬菜也叫生态蔬菜，是指来自于有机农业生产体系，根据国际有机农业的生产技术标准生产出来的，经独立的有机食品认证机构认证允许使用有机食品标志的蔬菜。有机蔬菜在整个的生产过程中都必须按照有机农业的生产方式进行，也就是在整个生产过程中必须严格遵循有机食品的生产技术标准。即生产过程中完全不使用农药、化肥、生长调节剂等化学物质，不使用基因工程技术，同时还必须经过独立的有机食品认证机构全过程的质量控制和审查。所以有机蔬菜的生产必须按照有机食品的生产环境质量要求和生产技术规范来生产，以保证它的无污染、富营养和高质量的特点。

无公害蔬菜又称绿色蔬菜，现在有不少人把两者混淆起来，其实有机蔬菜与无公害蔬菜都是洁净蔬菜，但它们有相同的地方，也有不相同的地方。

有机蔬菜与无公害蔬菜的相同地方有：两者的生产基地（即环境）都没有遭到破坏，水（灌溉水）、土

(土壤)、气(空气)没有受到污染；两者的产后(包括采收后的洗涤、整理、包装、加工、运输、贮藏、销售等环节)没有受到二次污染。

有机蔬菜与无公害蔬菜不同的地方是：有机蔬菜在生产过程中不使用化肥、农药、生长调节剂等化学物质，不使用基因工程技术，同时还必须经过独立的有机食品认证机构全过程的质量控制和审查，允许使用有机肥料，主要用于基肥。不用化学农药，而用防虫网或生物农药及其他非化学手段防治病虫害。而无公害蔬菜是不用或少用化肥和化学农药，其产品的残留量经测定在国家规定的范围内的称绿色无公害蔬菜。

因此，有机蔬菜也是无公害蔬菜，而无公害蔬菜就不一定是有机蔬菜。

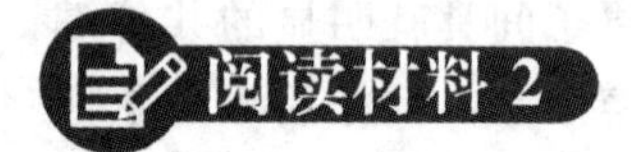

有机化学工业

1. 有机化工

有机化工是有机化学工业的简称，又称有机合成工业，是以石油、天然气、煤等为基础原料，主要生产各种有机原料的工业。

19 世纪末期开始了碳化钙的电炉法工业生产，以煤为基础原料，为从乙炔合成基本有机产品创造了条件。至 1910 年前后，在德国实现了由乙炔制四氯乙烷、三氯乙烯、乙醛、醋酸等的工业生产，其后到第二次世界大战前，由乙炔合成的其他产品在德国相继投入生产。以煤为基础原料的另一条主要路线，是从合成气或一氧化碳合成基本有机产品，1923 年合成甲醇在德国的成功，开始了以合成气作为一种工业合成原料的发展历史。随着石油炼制工业的发展，利用石油烃类原料合成有机产品受到注意。一方面由石油烃出发，经裂解制烯烃、制乙炔和转化为合成气等过程相继实现工业生产；另一方面，自 1920 年由丙烯合成异丙醇投入工业生产以后，以烯烃为起点的有机合成工业不断得到很大发展。以上说明基本有机化工从以煤为基础原料转向以石油烃类为基础原料，以及从以乙炔为原料的合成转向以烯烃为原料的合成。从总体来说，基本有机化工的很大一部分或主要部分也是常称的石油化工。

2. 有机化工原料

基本有机化工的直接原料包括氢气、一氧化碳、甲烷、乙烯、乙炔、丙烯、C_4 以上脂肪烃、苯、甲苯、二甲苯、乙苯等。从原油、石油馏分或低碳烷烃的裂解气、炼厂气以及煤气，经过分离处理，可以制成用于不同目的的脂肪烃原料；从催化重整的重整汽油、烃类裂解的裂解汽油以及煤干馏的煤焦油中，可以分离出芳烃原料；适当的石油馏分也可直接用作某些产品的原料；由湿性天然气可以分离出甲烷以外的其他低碳烷烃；从煤气化和天然气、炼厂气、石油馏分或原油的蒸气转化或部分氧化可以制成合成气；由焦炭制得的碳化钙，或由天然气、石脑油裂解均能制得乙炔。此外，还可从农、林副产品获得原料。

3. 有机化工产品

基本有机化工产品的品种繁多，因很多物质含有两种以上的特定元素或两种以上的基团，它们常按其主要特点划入某一类。其按所用原料分类：①合成气系产品；②甲烷系产品；③乙烯系产品；④丙烯系产品；⑤C_4 以上脂肪烃系产品；⑥乙炔系产品；⑦芳烃系产品。从以上每一类原料出发，都可制得一系列产品。

4. 有机化工产品的用途

基本有机化工产品的用途可概括为三个主要方面：①生产合成橡胶、合成纤维、塑料和其他高分子化工产品的原料，即聚合反应的单体；②其他有机化学工业，包括精细化工产品的原料；③按产品所具性质用于某些直接消费，例如用作溶剂、冷冻剂、防冻剂、载热体、气体吸收剂，以及直接用于医药的麻醉剂、消毒剂等。

由上可以看出基本有机化工的重要性，它是发展各种有机化学品生产的基础，是现代工业结构中的主要组成部分。

本 章 小 结

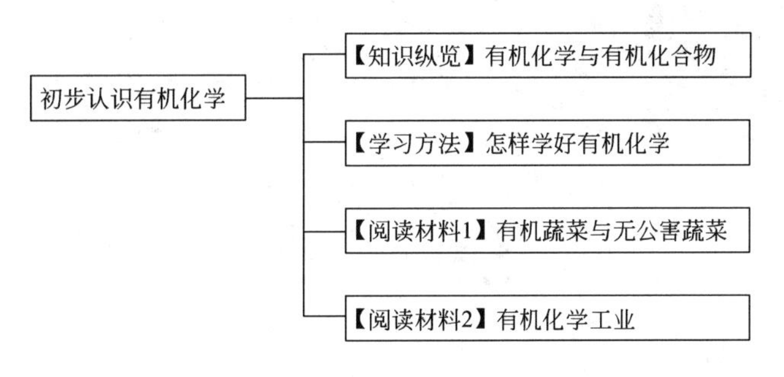

课 后 习 题

1. 什么是有机化合物？
2. 有机化合物的特点是什么？
3. 怎样学好有机化学？

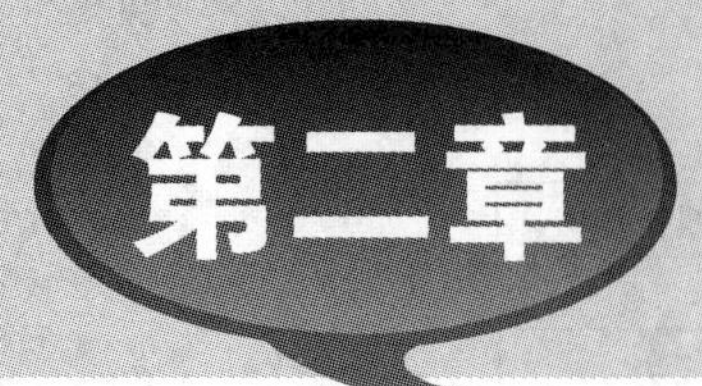

烷　烃

1. 掌握烷烃的命名、制备和性质
2. 了解烷烃的来源、用途
3. 了解有机化学反应的特点

能力目标

1. 会用不同方法制取甲烷
2. 小组成员间的团队协作能力
3. 培养学生的动手能力和安全生产的意识

生活常识　瓦斯

2012 年 10 月 29 日，湖南衡阳市衡山县长江镇境内的霞流冲煤矿发生瓦斯爆炸事故，29 人遇难。其罪魁祸首瓦斯就是甲烷。甲烷在自然界分布很广，是天然气、沼气、油田气及煤矿坑道气的主要成分。它可用作燃料及制造氢气、炭黑、一氧化碳、乙炔、氢氰酸及甲醛等物质的原料。甲烷对人基本无毒，但浓度过高时，使空气中氧含量明显降低，能够造成人窒息。当空气中甲烷达 25%～30%时，可引起头痛、头晕、乏力、注意力不集中、呼吸和心跳加速、运动失调。若不及时远离，可致窒息死亡。皮肤接触液化的甲烷，可致冻伤。

甲烷的制备与性质

【任务描述】

在实验室内分别用不同的方法制取甲烷并做性质实验。

【教学器材】

多媒体实验室、铁架台、硬质试管（25mm×100mm、20mm×200mm）、具支试管、硬质玻璃管、水槽、试管、集气瓶、带尖嘴的玻璃管、橡胶塞等。

【教学药品】

无水醋酸钠、生石灰、碱石灰、氢氧化钠、冰醋酸、1%溴的四氯化碳溶液、0.1%的高锰酸钾溶液和10%硫酸、铜网、碎石棉。

【组织形式】

每三个同学为一实验小组，根据老师给出的引导步骤，自行完成实验。

【注意事项】

（1）甲烷燃烧实验需用安全点火法，防止爆炸（甲烷：空气为1：10时会爆炸）。

（2）加热试管先用小火徐徐均匀加热，防止局部过热而破裂。

（3）醋酸钠是碱性物质，受热熔融后易外溅，所以要小心操作，防止溅入眼内。

（4）将试管稍向下倾斜，可以防止产生的液体回流而导致试管破裂。

【实验步骤】

1. 醋酸钠和碱石灰法

如图2-1所示把仪器连接好。其中作为反应用试管（25mm×100mm，硬质且干燥），试管口配一橡皮塞，打一孔，插入玻璃导管，试管斜置，试管口稍低于试管底。检查装置不漏气后，把5g无水醋酸钠和3g碱石灰以及2g粒状氢氧化钠放在研钵中研细充分混合，立即倒入试管中，从底部往外铺。用三支试管收集甲烷待用。

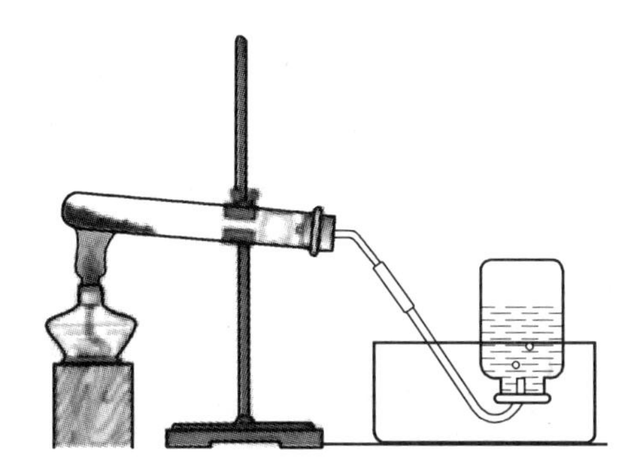

图2-1　醋酸钠和碱石灰法制备甲烷的装置

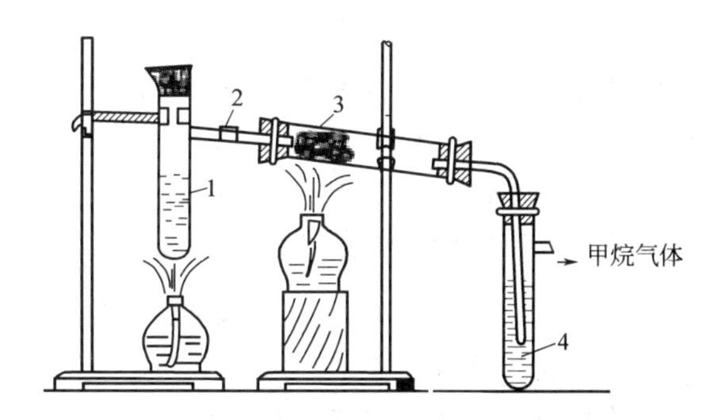

图2-2　冰醋酸脱羧法制备甲烷的装置

1—冰醋酸；2—具支试管；3—铜网；4—氢氧化钠

（1）可燃性

采用安全点火法，将导气管浸于水槽的水面以下，导气管出口的上面倒立一个小漏斗，漏斗管口连接尖嘴玻璃管，估计空气排尽后，就可以点火了。观察甲烷是否能燃烧，火焰是什么颜色？写出反应方程式。

（2）卤代反应

在装有甲烷的两支试管中各加入1%溴的四氯化碳溶液0.5mL，用软木塞塞紧。一支避光保存，另一支拿到日光下照射15～20min，比较两支试管中液体颜色的变化。写出反应方程式。

(3) 与高锰酸钾反应

向另一支装有甲烷的试管中加入0.1%的高锰酸钾溶液0.1mL和10%硫酸2mL，用软木塞塞紧，振荡，观察溶液颜色变化。

2. 醋酸钠和生石灰法

用5g无水醋酸钠和3g粒状氢氧化钠以及2g生石灰重复上述实验。

3. 冰醋酸脱羧法

如图2-2所示把仪器连接好。其中作为反应用试管（20mm×200mm）为具支试管，量取15mL冰醋酸用碎石棉浸润放入其中，石棉距支管口6cm。取卷成圆柱状的铜网约5～6cm放在一硬质玻璃管中，靠近醋酸气体导入端，玻璃管略向下倾斜。用10～15mL 20%～25%的氢氧化钠溶液洗涤气体并收集。重复性质实验。

【任务解析】

1. 甲烷的制备

甲烷的实验室制法是用醋酸钠与碱石灰作用而得。其反应方程式为：

$$CH_3C(=O)ONa + NaOH \xrightarrow{\triangle} CH_4\uparrow + Na_2CO_3$$

这个反应常有副产物乙烯生成，故其产物往往可以使溴及高锰酸钾溶液褪色。假设用碳原子稍多的羧酸盐与碱石灰共热，则产物会更复杂。因此不能用此法制纯烷烃。

另外，甲烷可以由冰醋酸脱羧而得：

$$CH_3COOH \xrightarrow{\triangle} CH_4 + CO_2$$

2. 甲烷的性质

通过实验制得的甲烷是无色、可燃和无毒的气体。另外其沸点为－161.49℃；甲烷与空气的质量比是0.54，比空气约轻一半；甲烷溶解度很少，在20℃、0.1kPa时，100个单位体积的水，只能溶解3个单位体积的甲烷。

(1) 可燃性实验

甲烷在空气中燃烧发出蓝色火焰，生成二氧化碳和水：

$$CH_4 + 2O_2 \xrightarrow{点燃} 2H_2O + CO_2$$

(2) 卤代反应

光照条件下，甲烷与溴发生反应，溴水褪色：

$$CH_4 + Br_2 \xrightarrow{光照或加热} CH_3Br + HBr$$

(3) 与高锰酸钾反应

溶液颜色无变化，表明甲烷与强氧化剂不反应。

【想一想】 甲烷溴代产物有几种？

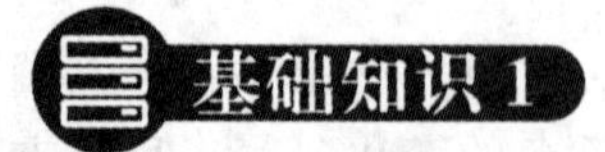

烷烃的同分异构现象

烷烃，即饱和烃（saturated group），是只含有碳碳单键和碳氢键的链烃，是最简单的一类有机化合物。烷烃的通式为：C_nH_{2n+2}，分子中每增加一个碳原子，就增加两个氢原子，相邻的两个烷烃在组成上相差一个 CH_2，这个“CH_2”称为系差。在组成上相差一个或几个系差的化合物称为同系列。同系列中的化合物互称为同系物。同系物具有同一个通式，结构相似，化学性质也相似，物理性质则随着碳原子数目的增加而有规律地变化。

烷烃同系列中，甲烷、乙烷、丙烷只有一种结合方式，没有异构现象，从丁烷起就有同分异构现象，如丁烷有两种异构体：

$CH_3—CH_2—CH_2—CH_3$　　　　$CH_3—CH(CH_3)—CH_3$

正丁烷　　　　异丁烷

我们把像这样具有相同的分子式而不同构造式的化合物互称同分异构体，这种现象称同分异构现象。因为构造不同而形成的异构体，称为构造异构体。

对于烷烃来说，异构体的数目随着碳原子数目的增加而迅速增加。表 2-1 中列出了几种烷烃从理论上讲存在的异构体数目。

表 2-1　烷烃的同分异构体数目

碳原子数	异构体数	碳原子数	异构体数
1	0	10	75
2	0	11	159
3	0	12	355
4	2	13	802
5	3	14	1858
6	5	15	4347
7	9	20	366319
8	18	25	36797588
9	35	30	4111646763

对于低级烷烃的同分异构体的数目和构造式，可利用碳主链的不同推导出来。现以己烷为例，说明其基本步骤如下。

① 写出这个烷烃的最长直链式：C—C—C—C—C—C（省略了氢）

（1）

② 写出少 1 个碳原子的直链式作为主链，把剩下的那个碳当作支链（即甲基），依次取代主链上的各碳原子的氢，就能写出可能的同分异构体的构造式：

③ 再写出少 2 个碳原子的直链式作为主链，把其他 2 个碳原子当作 2 个支链（2 个甲基），连接在各碳原子上，或把 2 个碳原子当作 1 个支链（乙基），接在各碳原子上：

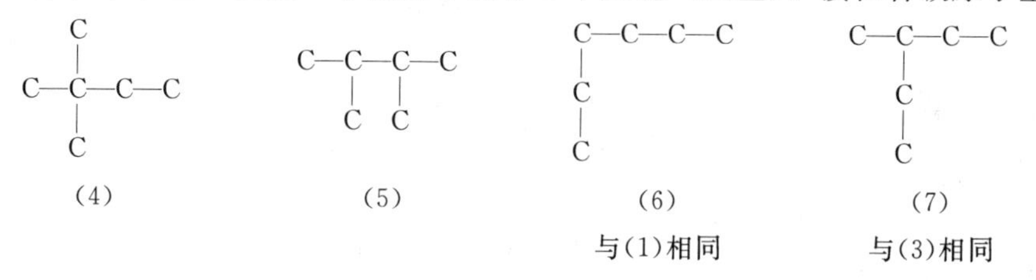

④ 把重复者去掉。这样己烷的同分异构体只有 5 个。

【练一练】 写出戊烷、庚烷的同分异构体。

基础知识 2　烷烃的命名

一、伯、仲、叔、季碳原子和伯、仲、叔氢原子

烷烃中碳原子按与其他碳原子相连数目的不同可分为伯、仲、叔、季碳原子。伯碳原子（primary carbon）是只与一个其他碳原子相连的碳原子，称为一级碳原子，用 1°表示；仲碳原子（secondary carbon）是与两个其他碳原子相连的碳原子，称为二级碳原子，用 2°表示；叔碳原子（tertiary carbon）是与三个其他碳原子相连的碳原子，称为三级碳原子，用 3°表示；季碳原子（guaternary carbon）是与四个其他碳原子相连的碳原子，称为四级碳原子，用 4°表示。例如：

```
       1°      1°
       CH3     CH3
 1°    |       |4°  2°      1°
 CH3—CH————C——CH2——CH3
       3°      |
               CH3
               1°
```

伯、仲、叔碳原子上的氢分别称为伯（1°）、仲（2°）、叔（3°）氢原子。不同类型氢原子相对的反应活性各不相同。

二、烷基

为了学习系统命名法，对烷基要有所认识。烃分子中去掉一个氢原子，所剩下的基团叫烷基，常见的烷基见表 2-2。脂肪烃去掉一个氢原子后所剩下的基团，叫脂肪烃基，用 R—表示。芳香烃去掉一个氢原子后所剩下的基团叫芳香烃基，用 Ar—表示。

表 2-2　常见的烷基

烷基名称	分子式	表示符号
甲基	$CH_3—$	(Me)
乙基	$CH_3CH_2—$	(Et)
正丙基	$CH_3CH_2CH_2—$	(*n*-Pr)
异丙基	$(CH_3)_2CH—$	(*iso*-Pr)
正丁基	$CH_3CH_2CH_2CH_2—$	(*n*-Bu)
异丁基	$(CH_3)_2CHCH_2—$	(*iso*-Bu)
仲丁基	$CH_3CH_2CH(CH_3)—$	(*sec*-Bu)
叔丁基	$(CH_3)_3C—$	(*ter*-Bu)

二价的烷基称为亚基，三价的烷基称为次基，例如：

$>CH_2$	$>CHCH_3$	$—CH<$	$—C(<)—CH_3$	$(CH_3)_2C<$
亚甲基	亚乙基	次甲基	次乙基	亚丙基

三、命名

在系统命名法中，直链烷烃的命名和普通命名法基本相同，仅不写上“正”字。

例如，$CH_3CH_2CH_2CH_2CH_3$ 普通命名法叫正戊烷，系统命名法叫戊烷。对于结构复杂的烷烃，则按以下步骤命名。

（1）选主链

选择分子中最长的碳链（含碳原子数最多）作为主链，若有几条等长碳链时，选择支链较多的一条为主链。根据主链所含碳原子的数目定为某烷，再将支链作为取代基。此处的取代基都是烷基。例如：

```
                  4      5      6
                  CH2—CH2—CH3
                  |
CH3—CH2—CH—CH2—CH3
               3      2      1
```

母体是己烷，不是戊烷

```
                                         CH3
                           4      3     |2  1
CH3—CH2—CH2—CH—CH—C—CH3
                          5|     |      |
                CH3—CH   CH3  CH3
                           |
                          6CH2
                           |
                          7CH3
```

母体是庚烷

（2）编碳号

从距支链最近的一端开始，用阿拉伯数字给主链上的碳原子编号。若主链上有 2 个或 2 个以上的取代基时，从主链的任一端开始编号，可得到两套表示取代基的位置的数字，这时应采取“最低系列”的编号方法，即逐个比较两种编号法中表示取代基位置的数字，最先遇到位次较小者，定为“最低系列”。例如：

```
 1      2      3      4      5      6
CH3—CH—CH—CH2—CH—CH3
       |      |             |
      CH3  CH3          CH3
```

正确命名：2,3,5-三甲基己烷

错误命名：2,4,5-三甲基己烷

（3）命名

将支链的位次及名称加在主链名称之前。若主链上连有多个相同的支链时，用大写中文数字表示支链的个数，再在前面用阿拉伯数字表示各个支链的位次，每个位次之间用逗号隔开，最后一个阿拉伯数字与汉字之间用半字线隔开。若主链上连有不同的几个支链时，则按次序规则，由小到大将每个支链的位次和名称加在主链名称之前。例如：

```
                CH2—CH2—CH3
                |
CH3—CH2—CH—CH2—CH3
```

3-乙基己烷

```
                  CH3
                  |
CH3—CH—C—CH2—CH—CH3
        |     |              |
       CH3  CH3           CH3
```

2,3,3,5-四甲基己烷

【练一练】 命名下列有机化合物。

```
          CH3
          |
CH3—C—CH—CH3
          |
          CH2CH3
```

```
                         CH3
                         |
CH3—CH2—CH—CH—CH—CH2—CH3
                               |      |
                              CH2  CH3
                               |
                              CH3
```

基础知识3 烷烃的物理性质

烷烃是无色的、具有一定气味的物质。它们具有相似的物理性质，例如，其熔点(mp)、沸点（bp）和相对密度随着碳原子数的增加而有规律地变化，一般来说，在有机化合物中，同系列化合物的物理常数是随着相对分子质量的增加而有规律变化的。一些直链烷烃的物理常数列于表2-3中。

表2-3 一些直链烷烃的物理常数

名称	熔点/℃	沸点/℃	相对密度 d_4^{20}	折射率 n_D^{20}
甲烷	−183	−161.5	0.424	
乙烷	−172	−88.6	0.546	
丙烷	−188	−42.1	0.501	1.3397
丁烷	−135	−0.5	0.579	1.3562
戊烷	−130	36.1	0.626	1.3577
己烷	−95	68.7	0.659	1.3750
庚烷	−91	98.4	0.684	1.3877
辛烷	−57	125.7	0.703	1.3976
壬烷	54	150.8	0.718	1.4056
癸烷	−30	174.1	0.730	1.4120
十一烷	−26	195.9	0.740	1.4173
十二烷	−10	216.3	0.749	1.4216
三十烷	66	446.4	0.810	

直链烷烃的沸点随相对分子质量的增加而逐渐升高，如表2-3所示。这是由于分子中碳原子数增多，分子间的范德华力增大的缘故。

直链烷烃的熔点，其变化规律与沸点相似，也是随着相对分子质量的增加而逐渐升高，如表2-3所示。但有所不同的是，一般由奇数碳原子升到偶数碳原子，熔点升高得多些。而由偶数碳原子升到奇数碳原子，熔点升高得少些。如果以熔点为纵坐标，碳原子数为横坐标作图，则得到一条折线，分别将奇数和偶数碳原子的烷烃相连，则得到两条比较平滑的曲线，偶数在上，奇数在下，如图2-3所示。

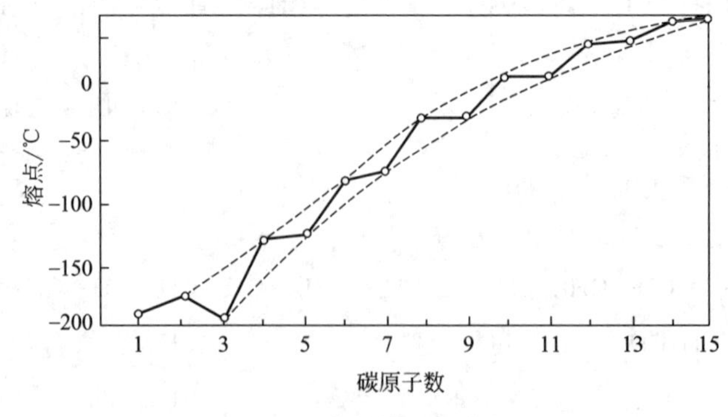

图2-3 直链烷烃的熔点

含有支链的烷烃，由于支链的阻碍，分子间的靠近程度不如直链烷烃，分子间作用力减弱，所以支链烷烃的熔、沸点低于直链烷烃。

【练一练】 列出庚烷的同分异构体沸点的高低顺序。

基础知识 4 烷烃的化学性质

烷烃的化学性质不活泼，常温下烷烃与强酸、强碱、强氧化剂、强还原剂及活泼金属都不反应。

1. 氧化反应

烷烃可以在空气中燃烧，生成二氧化碳和水：

$$C_nH_{2n+2}+\frac{3n+1}{2}O_2 \xrightarrow{\text{点燃}} nCO_2+(n+1)H_2O+\text{热能}$$

另外，在引发剂下可以使烷烃部分氧化，生成醇、醛、酸等。

$$\text{高级烷烃}(C_{20}\sim C_{30}) \xrightarrow{\text{氧化}} \text{高级脂肪酸}$$

2. 卤代反应

烷烃分子中的氢原子被卤素原子取代的反应称为卤代反应。

卤素与甲烷的反应活性顺序为：$F_2>Cl_2>Br_2>I_2$。甲烷的氟代反应十分剧烈，难以控制，强烈的放热反应所产生的热量可破坏大多数的化学键，以致发生爆炸。碘最不活泼，碘代反应难以进行。因此，卤代反应一般是指氯代反应和溴代反应，溴代反应比氯代反应进行得稍慢一些，也需在紫外光或高温下进行。

(1) 氯代反应

在紫外光照射或温度在 250～400℃ 的条件下，甲烷和氯气这两种气体混合物可剧烈地发生氯代反应，得到氯化氢和一氯甲烷、二氯甲烷、三氯甲烷（氯仿）及四氯甲烷（四氯化碳）的取代混合物：

$$CH_4 \xrightarrow[\text{光}]{Cl_2} CH_3Cl \xrightarrow[\text{光}]{Cl_2} CH_2Cl_2 \xrightarrow[\text{光}]{Cl_2} CHCl_3 \xrightarrow[\text{光}]{Cl_2} CCl_4$$

	甲烷	一氯甲烷	二氯甲烷	三氯甲烷	四氯甲烷
沸点：	−161.5℃	−24.2℃	40℃	61.7℃	76.5℃

碳链较长的烷烃氯代时，反应可以在分子中不同的碳原子上取代不同的氢，得到各种氯代烃。例如：

$$CH_3CH_2CH_3+Cl_2 \xrightarrow[25℃]{\text{光照}} CH_3CH_2CH_2Cl+ CH_3-\underset{\underset{Cl}{|}}{CH}-CH_3$$

1-氯丙烷(43%)　2-氯丙烷(57%)

丙烷分子中有 6 个 1°氢原子和 2 个 2°氢原子，按每个被卤素原子取代的概率之比应为 3∶1，但在室温条件下这两种产物产率之比为 43∶57，说明 2°氢原子比 1°氢原子的反应活性大。2°氢原子与 1°氢原子的相对反应活性为：

$$\frac{2°\text{氢原子}}{1°\text{氢原子}}=\frac{57/2}{43/6}\approx\frac{4}{1}$$

叔氢与伯氢的相对活性也不相同。

实践结果表明，叔、仲、伯氢在室温时的相对活性为5∶4∶1，即每个伯、仲、叔氢被氯取代生成相应氯代烷的相对比例为5∶4∶1。

这说明，烷烃的氯代反应在室温下有选择性（选择性就是产物有多有少），据此，可以预测某一烷烃在室温下一氯代产物中异构体的产率。例如：

$$CH_3CH_2CH_2CH_3 + Cl_2 \xrightarrow[25℃]{光照} \underset{1\text{-氯丁烷}}{CH_3CH_2CH_2CH_2Cl} + \underset{2\text{-氯丁烷}}{CH_3\underset{}{\overset{\overset{\displaystyle Cl}{|}}{C}}HCH_2CH_3}$$

$$\frac{1\text{-氯丁烷}}{2\text{-氯丁烷}} = \frac{1°\text{氢的总数}}{2°\text{氢的总数}} \times \frac{1°\text{氢相对反应活性}}{2°\text{氢相对反应活性}} = \frac{6}{4} \times \frac{1}{4} = \frac{3}{8}$$

1-氯丁烷的产率为：$\frac{3}{3+8} \times 100\% \approx 27\%$

2-氯丁烷的产率为：$\frac{8}{3+8} \times 100\% \approx 73\%$

当升高温度（>450℃）时，叔、仲、伯氢的相对活性逐步接近1∶1∶1。即所得异构体的产量与各种氢原子数目成正比，即在高温下反应，没有上述选择性，而只与氯原子和不同氢相碰撞的概率有关。

(2) 溴代反应

溴代反应中，也遵循叔氢>仲氢>伯氢的反应活性，相对活性为1600∶82∶1。溴的选择性比氯强，为什么呢？可用卤原子的活泼性来说明，因为氯原子较活泼，又有能力夺取烷烃中的各种氢原子而成为HCl。溴原子不活泼，绝大部分只能夺取较活泼氢（3°H或4°H）。例如：

$$CH_3CH_2CH_3 + Br_2 \xrightarrow[127℃]{光照} \underset{1\text{-溴丙烷}(3\%)}{CH_3CH_2CH_2Br} + \underset{2\text{-溴丙烷}(97\%)}{CH_3\underset{\underset{\displaystyle Br}{|}}{C}HCH_3}$$

$$CH_3-\overset{\overset{\displaystyle CH_3}{|}}{\underset{\underset{\displaystyle CH_3}{|}}{C}}-H + Br_2 \xrightarrow[127℃]{光照} \underset{2\text{-甲基-2-溴丙烷}(>99\%)}{CH_3-\overset{\overset{\displaystyle CH_3}{|}}{\underset{\underset{\displaystyle CH_3}{|}}{C}}-Br} + \underset{2\text{-甲基-1-溴丙烷(痕量)}}{Br-CH_2-\overset{\overset{\displaystyle CH_3}{|}}{\underset{\underset{\displaystyle CH_3}{|}}{C}}-H}$$

3. 热裂反应

把烷烃的蒸气在没有氧气的条件下，加热到450℃以上时，分子中的C—C、C—H键都发生断裂，形成较小的分子。这种在高温及没有氧气的条件下发生键断裂的反应称为热裂反应：

$$CH_3-\underset{\underset{\displaystyle H}{|}}{C}H-\underset{\underset{\displaystyle H}{|}}{C}H_2 \xrightarrow{460℃} CH_3CH=CH_2 + H_2$$

$$CH_3-CH_2-\underset{\underset{\displaystyle H}{|}}{C}H_2 \xrightarrow{460℃} CH_2=CH_2 + CH_4$$

烷烃在800～1100℃的热裂产物主要是乙烯，其次为丙烯、丁烯、丁二烯和氢。

热裂反应相当复杂，在热裂的同时，还有部分小分子烃又转变为较大的分子，有些甚至较原来的烃分子更大。

烷烃的来源

烷烃的天然来源是石油（petroleum）和天然气（natural gas）。

石油又称原油，是从地下深处开采的未进行加工的棕黑色可燃黏稠液体，相对密度介于0.80～0.98之间。例如胜利原油混合油样为黑色，相对密度为0.9080。最早提出“石油”一词的是公元977年中国北宋编著的《太平广记》。正式命名为“石油”是根据中国北宋杰出科学家沈括（1031～1095）在所著《梦溪笔谈》中所描写的这种油“生于水际砂石，与泉水相杂，惘惘而出”而命名的。在“石油”一词出现之前，国外称石油为“魔鬼的汗珠”、“发光的水”等，中国称“石脂水”、“猛火油”、“石漆”等。

石油中含有1～50个碳原子的链形烷烃及一些环状烷烃，而以环戊烷、环己烷及其衍生物为主，个别产地的石油中还含有芳香烃（见表2-4）。石油虽含有丰富的各种烷烃，但这是个复杂混合物，除了C_1～C_6烷烃外，由于其中各组分的相对分子质量差别小，沸点相近，要完全分离成极纯的烷烃，较为困难。采用气相色谱法，虽可有效地予以分离，但这只适用于研究，而不能用于大量生产。因此在使用上，只把石油分离成几种馏分来应用。石油分析中有时需要纯的烷烃作基准物，可以通过合成的方法制备。

表 2-4 石油的馏分

馏分	组成	沸点范围/℃	用 途
石油气	C_1～C_4	20以下	燃料、化工原料
石油醚	C_5～C_6	20～60	溶剂
汽油	C_7～C_9	40～200	溶剂、内燃机燃料
煤油	C_{10}～C_{16}	170～275	飞机燃料
柴油	C_{16}～C_{20}	250～400	柴油机燃料
润滑油	C_{18}～C_{22}	300以上	润滑剂
沥青	C_{20}以上	不挥发	防腐、绝缘、铺路材料

天然气是埋藏在地下含低级烷烃的可燃性气体。尽管各地的天然气组分不同，但几乎都含有75%的甲烷、15%的乙烷及5%的丙烷，其余的为较高级的烷烃。通常把开采石油时得到的含烷烃的气体称为油田气，从气井开采得到的称为天然气。天然气无色、无味、无毒且无腐蚀性，天然气的主要成分是甲烷，同时还含有乙烷、丙烷等低级烷轻和少量硫化氢、二氧化碳等。天然气根据其组成可分为两大类：一类是含甲烷在80%～99%（体积分数）的称为干气；另一类是除甲烷外还含有较多的C_2～C_4的低级烷烃，称为湿气。

阅读材料 2

汽油的辛烷值

辛烷值是衡量汽油在汽缸内抗爆震燃烧能力的一种数字指标，其值高表示抗爆性好。

常以异辛烷（2,2,4-三甲基戊烷）为标准，它的抗爆性较好，辛烷值规定为100，而正庚烷抗爆性较差，用作抗爆性低劣的标准，辛烷值规定为0。将这两种烃按不同体积比例混合，可配制成辛烷值0～100的标准燃料。

例如，某一汽油在引擎中所产生之爆震，正好与98%异辛烷及2%正庚烷之混合物的爆震程度相同，即称此汽油之辛烷值为98。此汽油若再掺和其他添加剂，辛烷值可大于98或小于98甚或超过100。

一般所谓的95号、92号无铅汽油即是指其辛烷值，所以95号汽油比92号汽油的抗爆性好。

辛烷值只是一个相对指标，而不是真的只以正庚烷或异辛烷来混合，所以有些汽油再掺和其他添加剂时的辛烷值可以超过100，可以为负。

辛烷值愈高，代表抑制引擎爆震能力愈强，但要配合汽车引擎之压缩比使用。若车辆“压缩比”在9.1以下者应以92号无铅汽油为燃料；压缩比为9.2～9.8者使用95号无铅汽油；压缩比在9.8以上或者涡轮增压引擎车种才需要使用 98 号无铅汽油。

依测定条件不同，主要有以下几种辛烷值。

① 马达法辛烷值　测定条件较苛刻，发动机转速为 $900r\cdot min^{-1}$，进气温度 149℃。它反映汽车在高速、重负荷条件下行驶的汽油抗爆性。

② 研究法辛烷值　测定条件缓和，转速为 $600r\cdot min^{-1}$，进气温度为室温。这种辛烷值反映汽车在市区慢速行驶时的汽油抗爆性。对同一种汽油，其研究法辛烷值比马达法辛烷值高 0～15 个单位，两者之间差值称敏感性或敏感度。

③ 道路法辛烷值　也称行车辛烷值，用汽车进行实测或在全功率实验台上模拟汽车在公路上行驶的条件进行测定。道路法辛烷值也可用马达法辛烷值和研究法辛烷值按经验公式计算求得。马达法辛烷值和研究法辛烷值的平均值称作抗爆指数，它可以近似地表示道路法辛烷值。

柴油的标号是采用柴油凝固点的高低来命名的。因为柴油是链烷烃、环烷烃和芳香烃等物质的混合物，所以其凝固点是不固定的，可以通过调整这些主要物质的含量来调整其凝固点，以此来满足不同气温条件下的使用。我国的北方和南方部分地区不同季节应选用不同的柴油标号：5 号适用的最低气温为 8℃以上；0 号适用的最低气温为 4℃以上；－10 号适用的最低气温为－5℃以上；－20 号适用的最低气温为－14℃以上；－35 号适用的最低气温为－29℃以上；－50 号适用的最低气温为－44℃以上。

本章小结

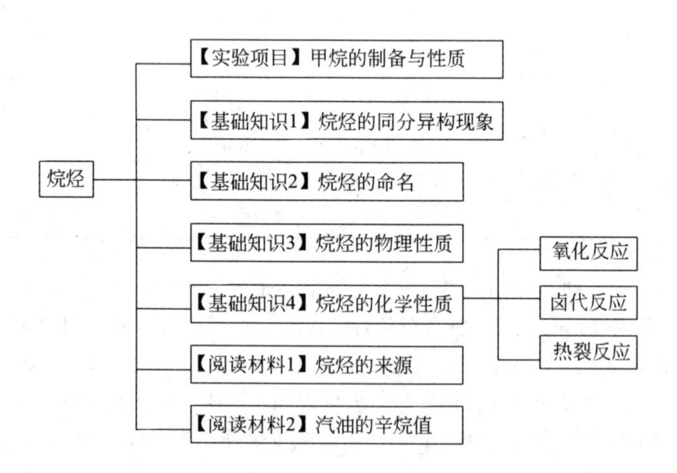

课后习题

1. 选择题

(1) 某同学写出的下列烷烃的名称中，正确的是（　　）。

A. 2,3,3-三甲基丁烷　　B. 3,3-二甲基丁烷

C. 3-甲基-2-乙基戊烷　　D. 2,2,3,3-四甲基丁烷

(2) 同分异构体具有（　　）。

A. 相同的相对分子质量和不同的组成　　B. 相同的分子组成和不同的相对分子质量

C. 相同的分子结构和不同的相对分子质量　　D. 相同的分子组成和不同的分子结构

(3) 下列各组物质属于同分异构体的是（　　）。

A. 2-溴丙烷与 2-溴丁烷　　B. 氧气与臭氧

C. 2-甲基丙烷与丁烷　　D. 水与重水

(4) 下列说法正确的是（　　）。

A. 凡是分子组成相差一个或几个 CH_2 原子团的物质，彼此一定是同系物

B. 两种物质组成元素相同，各元素质量分数也相同，则二者一定是同分异构体

C. 相对分子质量相同的几种物质，互称为同分异构体

D. 组成元素的质量分数相同，且相对分子质量相同和结构不同的化合物互称为同分异构体

(5) 下列化学式只能表示一种物质的是（　　）。

A. C_3H_8　　B. C_4H_{10}　　C. $C_2H_4Cl_2$　　D. C_3H_7Cl

2. 写出下列每个烷烃的结构式。

(1) 新戊烷　　(2) 异丁烷

(3) 异戊烷　　(4) 3,4,5-三甲基-4-丙基庚烷

3. 什么是安全点火法？

4. 碎石棉载体的作用是什么？

5. 100mL 甲烷、乙烷混合气体完全燃烧后得 150mL 的 CO_2（两种气体在相同温度、压力下测量），请计算原混合气体中甲烷、乙烷分别所占的体积。

烯烃、炔烃

1. 掌握烯烃、炔烃的命名、制备和性质
2. 了解烯烃、炔烃的来源、用途

能力目标

1. 会在实验室里制取乙烯、乙炔
2. 小组成员间的团队协作能力
3. 培养学生的动手能力和安全生产的意识

生活常识　乙烯利催熟剂

据了解，乙烯是普遍存在于植物体内的五大天然植物激素之一，早在1901年前就被发现有催熟的功能，1979年美国华人科学家杨祥发教授首次发现了乙烯在植物体内合成的全部生理过程及其合成机理。现在乙烯利催熟剂已经普遍使用在一些水果蔬菜上，特别是一些反季节水果蔬菜，它的作用是催熟和增产。农业专家认为食用乙烯利催熟后的果蔬对人体没有任何危害，但是相关监管部门未作权威解释，并且直接接触、食入、吸入催熟剂对人体是有害的。

乙烯的制备与性质

【任务描述】

在实验室制取乙烯并做性质实验。

【教学器材】

多媒体实验室、铁架台、酒精灯、温度计、洗气瓶、蒸馏瓶（250mL）、试管、水槽、集气瓶、带尖嘴的玻璃管、漏斗。

【教学药品】

酒精、电石、10%的氢氧化钠、1%溴的四氯化碳溶液、0.1%的高锰酸钾溶液和10%的硫酸、饱和硫酸铜溶液、河砂。

【组织形式】

每三个同学为一实验小组，根据实验步骤，自行完成实验。

【注意事项】

（1）乙烯燃烧实验需用安全点火法。

（2）加热时应强热迅速升温。

（3）放入河砂，一方面作催化剂，另一方面减少泡沫生成。

【实验步骤】

1. 乙烯的制备

如图3-1所示把仪器连接好。在125mL的蒸馏烧瓶口插入一个漏斗，通过这个漏斗加入95%的酒精4mL、浓硫酸12mL（相对密度1.84），边加边摇，加完后，再放入干净的河砂4g，塞上带有温度计的软木塞，温度计的水银球应浸在反应液中，蒸馏烧瓶的支管通过橡胶管和玻璃导气管与作洗气用的试管相连，试管中盛有15mL 10%的氢氧化钠溶液。洗气装置再连接收集装置。检查装置不漏气后，强热反应物，使反应物的温度迅速上升到160～170℃，调节火焰，保持此范围的温度和保持乙烯气流均匀发生。估计空气排尽后，利用排水法收集2支试管的乙烯（供性质实验），然后做燃烧实验。

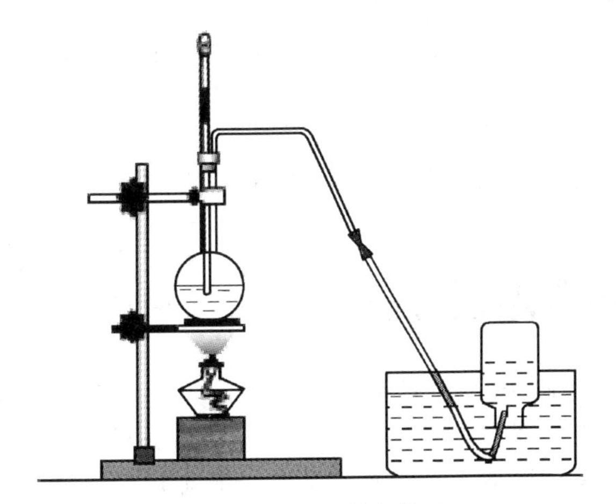

图3-1　乙烯的制备装置

2. 乙烯的性质

（1）可燃性

用安全点火法做燃烧实验。注意与甲烷的燃烧实验对比，看看有什么异同？

（2）溴代反应

向盛有乙烯的试管中加入1%溴的四氯化碳溶液0.5mL、摇动，有什么现象？与甲烷作比较。写出化学反应方程式。

（3）氧化反应

向盛有乙烯的另一支试管中加入0.1%的高锰酸钾溶液0.5mL、10%的硫酸0.5mL，振荡，看溶液颜色的变化，与甲烷作比较。写出化学反应方程式。

【任务解析】

1. 乙烯的制备

醇在催化剂的作用下，加热到适当的温度，则脱去一分子水生成烯烃。这是实验室制备烯烃的一种重要方法。

$$\underset{\text{H}}{\underset{|}{\text{CH}_2}}-\underset{\text{OH}}{\underset{|}{\text{CH}_2}} \xrightarrow[\text{或 } Al_2O_3\text{,}350\sim360℃]{\text{浓 } H_2SO_4\text{,}170℃} CH_2=CH_2+H_2O$$

2. 乙烯性质实验

乙烯在空气中燃烧：

$$CH_2=CH_2+3O_2 \xrightarrow{\text{点燃}} 2CO_2+2H_2O$$

单烯烃很容易与卤素发生加成反应，生成邻二卤化物：

$$\text{>C=C<} + X_2 \longrightarrow -\underset{X}{\underset{|}{\overset{|}{C}}}-\underset{X}{\underset{|}{\overset{|}{C}}}-$$

例如：

$$CH_3-CH=CH_2+Br_2 \xrightarrow{CCl_4} CH_3-\underset{Br}{\underset{|}{CH}}-\underset{Br}{\underset{|}{CH_2}}$$

烯烃容易被 $KMnO_4$ 溶液氧化。当用稀的、冷的碱性或中性 $KMnO_4$ 水溶液氧化烯烃时，生成邻二醇。反应过程中，高锰酸钾溶液的紫色褪去，并且生成棕褐色的二氧化锰沉淀，所以这个反应可以用来鉴定烯烃：

$$3R-CH=CH_2+2KMnO_4+4H_2O \xrightarrow[\text{或中性}]{\text{稀 } OH^-} 3R-\underset{OH}{\underset{|}{CH}}-\underset{OH}{\underset{|}{CH_2}}+2MnO_2\downarrow+2KOH$$

【想一想】 怎样区别乙烯和乙烷？

烯烃的物理性质

烯烃的物理性质如熔点、沸点、相对密度和溶解度等与相应的烷烃相似。常温时，$C_2\sim C_4$ 的烯烃是气体，$C_5\sim C_{18}$ 烯烃是液体，C_{18} 以上烯烃是固体。烯烃都难溶于水而易溶于有机溶剂。乙烯稍有甜味，液态烯烃有汽油的气味。表 3-1 中列出了一些烯烃的物理常数。

表 3-1 烯烃的物理常数

状态	碳个数	名　称	熔点/℃	沸点/℃	相对密度 d^{20}
气态	2	乙烯	−169.2	−103.7	0.597
	3	丙烯	−185.3	−47.4	0.5193
	4	1-丁烯	−185.4	−6.3	0.5951
		异丁烯	−140.4	−6.9	0.5902
		顺-2-丁烯	−138.9	3.70	0.6213
		反-2-丁烯	−105.6	0.88	0.6042
液态	5	1-戊烯	−165.2	30.0	0.6405
	6	1-己烯	−139.8	63.4	0.6731
	7	1-庚烯	−119	93.6	0.6970
	8	1-辛烯	−101.7	121.3	0.7149

【想一想】　相同碳原子数的支链烯烃与直链烯烃熔、沸点的高低顺序？

烯烃的化学性质

由于烯烃分子中含有一个 π 键，π 键比 σ 键易断裂，所以，烯烃的化学性质较活泼，化学反应主要发生在 π 键上（能发生加成、氧化、聚合等反应）或受 π 键影响的 α-碳原子上。

一、加成反应

1. 催化氢化

烯烃催化氢化得到烷烃，反应方程式如下：

$$\gt C=C\lt + H_2 \xrightarrow{催化剂} -\underset{H}{\overset{|}{C}}-\underset{H}{\overset{|}{C}}-$$

工业上一般用雷尼镍（Raney Ni）作催化剂，既可在气相也可在液相进行反应，反应是放热反应。1mol 烯烃催化加氢生成烷烃时放出的热量，称为烯烃的氢化热。氢化热越高，则原来烯烃分子的内能越高，相对来说，该烯烃的相对稳定性越低。每个双键的氢化热大约为 $125kJ \cdot mol^{-1}$，可以通过测定不同烯烃的氢化热，比较烯烃的相对稳定性。氢化的难易顺序为：乙烯＞一取代乙烯＞二取代乙烯＞三取代乙烯＞四取代乙烯。一些烯烃的氢化热列于表 3-2 中。

表 3-2　烯烃的氢化热

烯　烃	氢化热/$kJ \cdot mol^{-1}$	烯　烃	氢化热/$kJ \cdot mol^{-1}$
$CH_2=CH_2$	137.2	*tran*-$RCH=CHR$	115.5
$RCH=CH_2$	125.9	$R_2C=CHR$	112.5
$R_2C=CH_2$	119.7	$R_2C=CR_2$	111.3
cis-$RCH=CHR$	119.7		

根据反应吸收氢气的量可以测定不饱和度；另外为除去粗汽油中的少量烯烃杂质，可进行催化氢化反应，将少量烯烃还原为烷烃，从而提高油品的质量。

2. 与卤素加成

烯烃与卤素加成产物是邻二卤代物：

$$R-CH=CH_2 \xrightarrow{X_2} R-\underset{X}{\underset{|}{CH}}-\underset{X}{\underset{|}{CH_2}}$$

相同的烯烃和不同的卤素进行加成时，卤素的活性顺序为：氟＞氯＞溴＞碘。氟与烯烃的反应太剧烈，往往使碳链断裂；碘与烯烃难以发生加成反应，所以一般所谓烯烃与卤素的加成，实际上是指加溴或加氯。烯烃的活性顺序为：

$$(CH_3)_2C=CH_2 > CH_3CH=CHCH_3 > CH_3CH=CH_2 > CH_2=CH_2$$

烯烃与氯或溴的加成是工业上和实验室中制备邻二卤化物最常用的一个方法。例如，工业上制备 1,2-二氯乙烷是在 40℃左右，以 1,2-二氯乙烷为溶剂，氯化铁作催化剂，乙烯与氯进行加成反应而得：

$$CH_2=CH_2+Cl_2 \xrightarrow[40℃,2MPa]{FeCl_3} \underset{Cl}{CH_2}-\underset{Cl}{CH_2}$$

产物 1,2-二氯乙烷除用作溶剂外，大量用作制备聚氯乙烯的中间体氯乙烯。

3. 与卤化氢加成

烯烃与卤化氢加成得到卤代烷：

$$CH_2=CH_2+HX \longrightarrow CH_3CH_2-X$$

(1) HX 的反应活性

HI>HBr>HCl>HF（HF 的加成无实用价值）。

(2) 不对称烯烃的加成的区位选择性

不对称烯烃加 HX 时有一定的取向，马尔科夫尼科夫总结了这个规律，我们把它称为马尔科夫尼科夫规则，简称马氏规则，即不对称烯烃与不对称试剂发生加成反应时，氢原子总是加到含氢较多的双键碳原子上，卤原子或其他原子或基团加在含氢较少的双键碳原子上。例如：

$$CH_3CH=CH_2+HBr \longrightarrow \underset{80\%(主)}{CH_3-\underset{Br}{CH}-CH_3} + \underset{20\%}{CH_3-CH_2-\underset{Br}{CH_2}}$$

$$CH_3-CH=CH_2+HCl \longrightarrow \underset{100\%}{CH_3-\overset{CH_3}{\underset{Cl}{C}}-CH_3}$$

(3) 过氧化物效应

当有过氧化物（如 H_2O_2，R—O—O—R 等）存在时，不对称烯烃与 HBr 的加成产物不符合马氏规则（反马氏取向）的现象称为过氧化物效应。例如：

$$CH_3-CH=CH_2+HBr \xrightarrow{过氧化物} \underset{反马氏产物}{CH_3-CH_2-CH_2-Br}$$

4. 与硫酸加成

烯烃与冷的浓硫酸反应，生成硫酸氢酯：

$$\gt C=C\lt +HOSO_2OH \longrightarrow -\underset{H}{\overset{|}{C}}-\underset{OSO_2H}{\overset{|}{C}}-$$

反应的取向遵守马氏规则。硫酸氢酯在加热条件下水解可以得到相应的醇。

5. 与水加成

在酸催化下烯烃与水加成得到醇，反应的取向遵守马氏规则：

$$CH_2=CH_2+HOH \xrightarrow[300℃,7MPa]{H_3PO_4/硅藻土} CH_3CH_2OH$$

二、氧化反应

1. 用 $KMnO_4$ 或 OsO_4 氧化

（1）用稀的碱性 $KMnO_4$ 氧化，可将烯烃氧化成邻二醇

$$3RCH{=}CH_2 + 2KMnO_4 + 4H_2O \xrightarrow[\text{或中性}]{\text{碱性}} 3R{-}\underset{OH}{\underset{|}{CH}}{-}\underset{OH}{\underset{|}{CH_2}} + 2MnO_2\downarrow + 2KOH$$

反应中 $KMnO_4$ 褪色，且有 MnO_2 沉淀生成。故此反应可用来鉴定不饱和烃。

（2）用酸性 $KMnO_4$ 氧化

在酸性条件下氧化，反应进行得更快，得到碳链断裂的氧化产物（低级酮或羧酸）：

$$R{-}CH{=}CH_2 \xrightarrow[H_2SO_4]{KMnO_4} R{-}COOH + HCOOH \longrightarrow CO_2 + H_2O$$

羧酸

$$(R')(R)C{=}CHR'' \xrightarrow[H_2SO_4]{KMnO_4} (R')(R)C{=}O + R''{-}COOH$$

酮　　　羧酸

用酸性 $KMnO_4$ 氧化产物与烯烃结构的关系为：

烯烃结构	氧化产物
$CH_2{=}$	CO_2
$RCH{=}$	$RCOOH$
$R_2C{=}$	$R_2C{=}O$（酮）

反应的用途：①鉴别烯烃；②制备一定结构的有机酸和酮；③推测原烯烃的结构。

2. 臭氧化反应（用含有臭氧6%～8%的氧气作氧化剂）

将含有臭氧（6%～8%）的氧气通入液态烯烃或烯烃的四氯化碳溶液，臭氧迅速而定量地与烯烃作用，生成臭氧化物的反应，称为臭氧化反应：

$$(R)(R')C{=}C(R'')(H) + O_3 \longrightarrow \text{臭氧化物} \xrightarrow{H_2O} (R)(R')C{=}O + O{=}C(R'')(H) + H_2O_2$$

$$O{=}C(R'')(H) + H_2O_2 \longrightarrow R''{-}COOH + H_2O$$

臭氧化物黏糊状，易爆炸，不必分离，可直接在溶液中水解

为了防止生成的过氧化物继续氧化醛、酮，通常臭氧化物的水解是在加入还原剂（如 Zn/H_2O）或催化氢化下进行。例如：

$$CH_3{-}\underset{CH_3}{\underset{|}{C}}{=}CHCH_3 \xrightarrow[(2)Zn/H_2O]{(1)O_3} (CH_3)(CH_3)C{=}O + CH_3CHO$$

丙酮　　　乙醛

烯烃臭氧化物的还原水解产物与烯烃结构的关系如下：

烯烃结构	臭氧化还原水解产物
$CH_2{=}$	HCHO（甲醛）
$RCH{=}$	RCHO（醛）
$R_2C{=}$	$R_2C{=}O$（酮）

故可通过臭氧化物还原水解的产物来推测原烯烃的结构。例如：

臭氧化还原水解产物	原烯烃的结构
CH_3COCH_3、$OCHCH_2CHO$、HCHO	$CH_3-C(CH_3)=CHCH_2CH=CH_2$
$CH_3-\overset{O}{\overset{\Vert}{C}}-CH_2\underset{}{CH(CH_3)}CH_2CHO$	1,4-二甲基环戊烯（CH_3 取代的环戊烯，环上另有 CH_3）

3. 催化氧化

某些烯烃在特定催化剂存在下能被氧化生成重要的化工原料。此类反应是特定反应，不能泛用。例如，若要将其他烯烃氧化成环氧烷烃，则要用过氧酸来氧化：

$$CH_3CH=CH_2 + CH_3\overset{O}{\overset{\Vert}{C}}-O-O-H \longrightarrow CH_3-\underset{\diagdown O \diagup}{CH-CH_2} + CH_3COOH$$

三、聚合反应

在一定条件下，烯烃分子中的 π 键断裂发生同类分子之间的加成反应，形成高分子化合物的反应，称为聚合反应。例如，乙烯聚合生成聚乙烯：

高压法
$$\underset{\text{乙烯}}{nCH_2=CH_2} \xrightarrow[150\sim250℃,\ 150\sim300MPa]{\text{少量引发剂}} \underset{\text{高压聚乙烯}}{\left[CH_2-CH_2\right]_n}$$

低压法
$$nCH_2=CH_2 \xrightarrow[60\sim75℃,\ 0.1\sim1MPa]{TiCl_4\text{-}Al(C_2H_5)_3} \underset{\text{低压聚乙烯}}{\left[CH_2-CH_2\right]_n}$$

聚乙烯是一个电绝缘性能好，耐酸碱，抗腐蚀，用途广的高分子材料（塑料）。这种由许多单个分子互相加成生成高分子化合物的反应称为加聚反应。合成高分子化合物的主要直接原料叫单体，如乙烯是聚乙烯的单体。

$$nCH_3CH=CH_2 \xrightarrow[50℃,10MPa]{TiCl_4\text{-}Al(C_2H_5)_3} \left[\underset{CH_3}{\underset{|}{CH}}-CH_2\right]_n$$

聚丙烯

乙烯进行高压聚合在工艺和设备条件上都很苛刻，1953 年齐格勒、纳塔等人采用过渡金属的氯化物和烷基铝作催化剂，称齐格勒-纳塔（Ziegler-Natta）催化剂，即 $TiCl_4$-$Al(C_2H_5)_3$。他们利用这种催化剂首次合成了立体定向高分子——人造天然橡胶，为有机合成做出了巨大的贡献。为此，两人共享了 1963 年的诺贝尔化学奖。

四、α-氢的卤代反应

烯烃与卤素在室温下可发生双键的加成反应，但在高温（500℃）或在光照时，则主要发生 α-氢原子被卤原子取代的反应。双键是烯烃的官能团，凡官能团的邻位统称为 α 位，α 位（α 碳）上连接的氢原子称为 α-H（又称为烯丙氢）。

α-H 由于受 C=C 的影响，α-C—H 键离解能减弱。故 α-H 比其他类型的氢易起反应。其活性顺序为 α-H（烯丙氢）>3°H>2°H>1°H>乙烯 H。例如：

$$CH_3-CH=CH_2 + Cl_2 \xrightarrow{>500℃} \underset{Cl}{\underset{|}{CH_2}}-CH=CH_2 + HCl$$

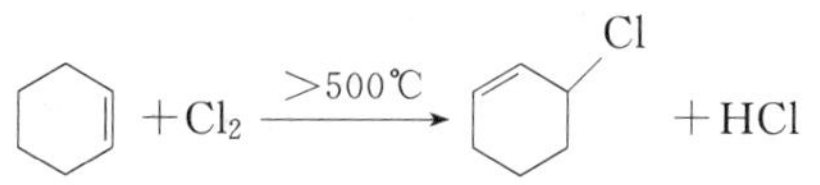

$$\text{环己烯} + Cl_2 \xrightarrow{>500℃} \text{3-氯环己烯} + HCl$$

卤代反应中 α-H 的反应活性为：3°α-H>2°α-H>1°α-H。例如：

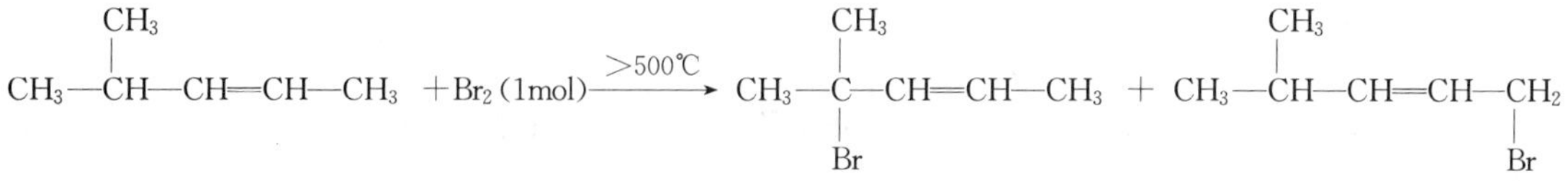

$$CH_3-\underset{\displaystyle CH_3}{\overset{}{CH}}-CH=CH-CH_3 + Br_2(1mol) \xrightarrow{>500℃} CH_3-\underset{Br}{\overset{CH_3}{C}}-CH=CH-CH_3 + CH_3-\overset{CH_3}{CH}-CH=CH-\underset{Br}{CH_2}$$

主要产物　　次要产物

当烯烃在温度低于 250℃时与氯反应，则主要是进行加成反应。

【练一练】 1. 写出下列化合物与溴化氢加成反应的主要产物。

(1) 异丁烯　(2) 3-甲基丁烯

2. 写出下列化合物与浓、热的高锰酸钾溶液反应的产物。

(1) $CH_2=CHCH_2CH_3$　(2) $CH_3CH=CHCH_3$　(3) $(CH_3)_2C=CHCH_2CH_3$

基础知识 3　烯烃的同分异构和命名

一、烯烃的同分异构现象

由于烯烃含有碳碳双键，使烯烃的同分异构现象较烷烃复杂得多，除了有碳干异构之外，还有由于双键的位置不同而引起的位置异构，还有由于双键两侧的基团在空间的位置不同引起的顺反异构，例如丁烯有四种异构体。

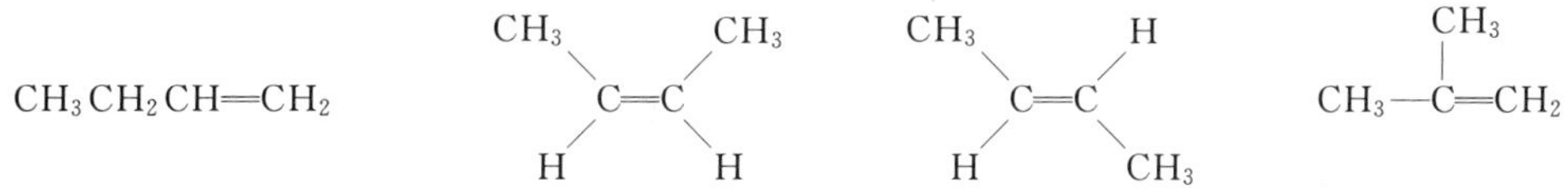

$CH_3CH_2CH=CH_2$	$\begin{matrix} CH_3 & & CH_3 \\ & C=C & \\ H & & H \end{matrix}$	$\begin{matrix} CH_3 & & H \\ & C=C & \\ H & & CH_3 \end{matrix}$	$CH_3-\overset{CH_3}{C}=CH_2$
1-丁烯	顺-2-丁烯	反-2-丁烯	异丁烯

像这种由于分子中原子或基团在空间的排列方式称为构型。由于构型不同而产生的异构体称为构型异构。两个相同的原子或基团处于碳碳双键的同侧，叫做顺式；两个相同的原子或基团处于碳碳双键的两侧，叫做反式。

并不是所有的烯烃都存在顺反异构现象，产生顺反异构现象必需满足以下两个条件：

① 分子中存在着限制原子自由旋转的因素，如双键、脂环等结构。

② 在每个不能自由旋转的两端原子上，必须各自连接着两个不同的原子或基团。

如果以双键相连的两个碳原子，其中有一个带有两个相同的原子或原子团，则这种分子就没有顺、反异构体。

二、烯烃的命名

1. 烯基

烯烃分子去掉一个氢原子剩下的部分，叫做烯基。常见的烯基有：

$CH_2=CH-$	$CH_3-CH=CH-$	$CH_2=CH-CH_2-$
乙烯基	丙烯基	烯丙基

2. 命名

烯烃的命名类似于烷烃，简单烯烃可用普通命名法命名。例如：

$$CH_3CH_2CH{=}CH_2$$
正丁烯

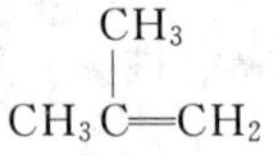

$$CH_3\overset{\overset{\large CH_3}{|}}{C}{=}CH_2$$
异丁烯

也可以按衍生物命名法命名，即以乙烯母体衍生物来命名。例如：

$$CH_3CH_2CH{=}CH_2$$
乙基乙烯

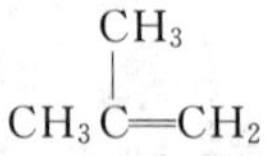

$$CH_3\overset{\overset{\large CH_3}{|}}{C}{=}CH_2$$
二甲基乙烯

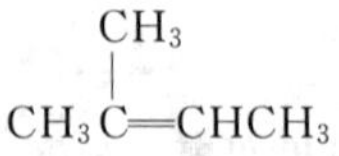

$$CH_3\overset{\overset{\large CH_3}{|}}{C}{=}CHCH_3$$
三甲基乙烯

对结构较复杂的烯烃一般采用系统命名法来命名，烯烃的系统命名法基本原则与烷烃相同，但需加如下补充：

① 选择结构中包括双键在内的最长的连续碳链作为主链，按照主链碳原子数目称为“某烯”。

② 从靠近双键的一端开始，给主链碳原子依次编号。

③ 在烯烃名称“某烯”之前，以双键两端碳原子中编号较小的数字标明双键的位置。

④ 将主链上烷基的位置、数目及名称按由简单到复杂的顺序写在“某烯”之前，有多个相同烷基时，则合并表示。例如：

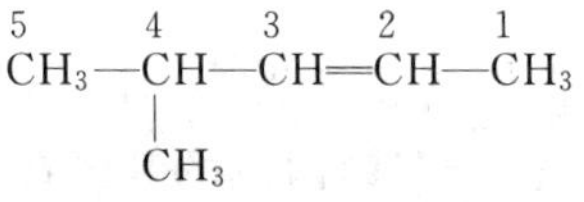

$$\overset{5}{C}H_3-\overset{4}{C}H(CH_3)-\overset{3}{C}H{=}\overset{2}{C}H-\overset{1}{C}H_3$$
4-甲基-2-戊烯

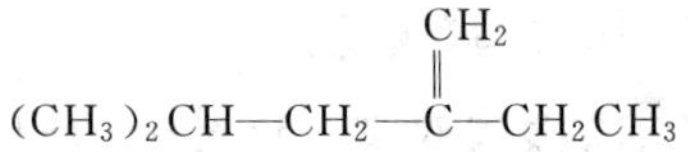

$$(CH_3)_2CH-CH_2-\overset{\overset{\large CH_2}{\|}}{C}-CH_2CH_3$$
4-甲基-2-乙基-1-戊烯

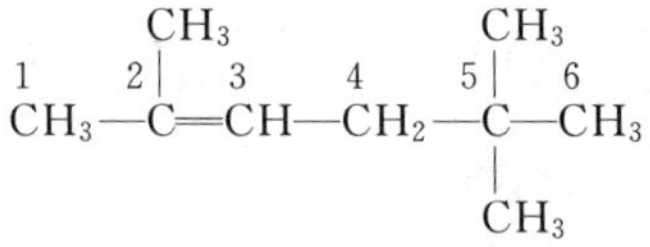

$$\overset{1}{C}H_3-\overset{2}{C}(CH_3){=}\overset{3}{C}H-\overset{4}{C}H_2-\overset{5}{C}(CH_3)_2-\overset{6}{C}H_3$$
2,5,5-三甲基-2-己烯

在考虑到使双键位置编号尽可能最小的前提下，还需要照顾到使支链位置的编号尽可能最小。例如：

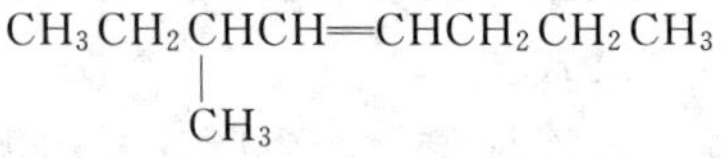

$$\overset{1}{C}H_3\overset{2}{C}H_2\overset{3}{C}H(CH_3)\overset{4}{C}H{=}\overset{5}{C}H\overset{6}{C}H_2\overset{7}{C}H_2\overset{8}{C}H_3$$
3-甲基-4-辛烯

顺反异构体的命名方法：对于一简单烯烃的顺反异构，可用词头“顺”（*cis*）、“反”（*trans*）表示。当碳碳双键上连接的 4 个基团完全不同时，IUPAC 命名法规定以（*Z*）、（*E*）符号为词头的表示方法。将每个以双键相连的碳原子上的两个原子或基团按次序规则定出较优基团，该两个碳原子上的较优基团在双键的同侧时，以字母“*Z*”表示，反之则以“*E*”表示。

3. 次序规则

为了表达某些立体化学关系，就需要确定有关原子或基团的排列次序，这种方法称次序规则。次序规则主要内容如下：

① 直接与双键碳原子相连的原子按其原子序数大小排列，同位素按相对原子质量的大

小次序排列。常见的有：I＞Br＞Cl＞S＞P＞O＞N＞C＞D＞H。

② 与双键碳原子相连的都是烃基，则应看与第一个碳原子相连的原子序数逐个比较，加以排列。常见的有：

$CH_3—(CH_3)_3C—>CH_3CH_2CH(CH_3)—>(CH_3)_2CHCH_2—>CH_3CH_2CH_2CH_2—$

叔丁基　　仲丁基　　异丁基　　正丁基

③ 含有双键和三键的基团，可以认为连有两个或三个相同的原子。

$—CH{=}CH_2$ 相当于 $—C(H)(C)—CH$　　$—C{\equiv}CH$ 相当于 $—C(C)(C)—CH$

所以 $—C{\equiv}CH$ 优于 $—CH{=}CH_2$

Z 和 *E* 分别取自德语“Zusammen”（意为“在一起”，指同侧）和“Entgegen”（意为“相反”，指异侧）的首位字母，例如：

$CH_3(H)C{=}C(H)CH_3$（两个 CH_3 同侧）
顺-2-丁烯
(*Z*)-2-丁烯

$CH_3(H)C{=}C(H)CH_3$（两个 CH_3 异侧）
反-2-丁烯
(*E*)-2-丁烯

$CH_3(H)C{=}C(CH_3)CH_2CH_3$
顺-3-甲基-2-戊烯
(*E*)-3-甲基-2-戊烯

$H_3C[(CH_3)_2CH]C{=}C(H)CH_2CH_3$
(*Z*)-2,3-二甲基-3-己烯

$CH_3(CH_3CH_2)C{=}C(CH{=}CH_2)CH_2CH_3$
(*E*)-4-甲基-3-乙基-1,3-己二烯

顺、反异构体的命名与（*Z*）、（*E*）构型的命名不是完全相同的。这是两种不同的命名法。顺、反异构体的命名指的是相同原子或基团在双键平面同一侧时为“顺”，在异侧时为“反”。*Z*、*E* 构型指的是原子序数大的原子或基团在双键平面同一侧时为“*Z*”，在异侧时为“*E*”。

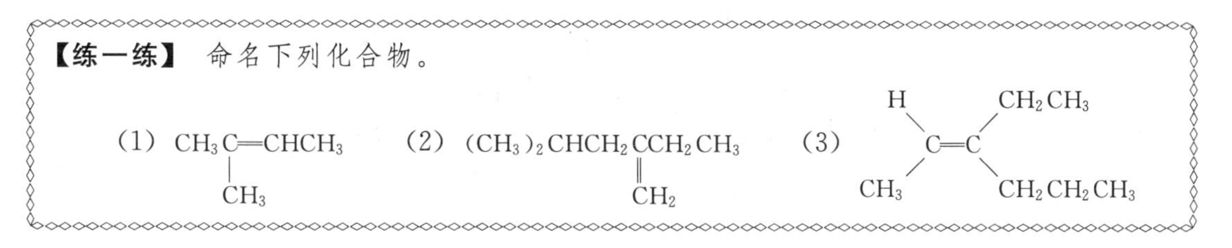

【练一练】 命名下列化合物。

（1）$CH_3C(CH_3){=}CHCH_3$　（2）$(CH_3)_2CHCH_2C({=}CH_2)CH_2CH_3$　（3）$H(CH_3)C{=}C(CH_2CH_3)CH_2CH_2CH_3$

实验项目 2　乙炔的制备与性质

【任务描述】

在实验室内制取乙炔并做性质实验。

【教学器材】

多媒体实验室、试管、水槽、集气瓶、带尖嘴的玻璃管、橡胶塞等支口锥形瓶、注射器、橡胶塞、导气管、橡胶管、棉花。

【教学药品】

电石、10%的氢氧化钠、1%溴的四氯化碳溶液、0.1%的高锰酸钾溶液和10%的硫酸、饱和硫酸铜溶液、河砂、饱和食盐水、5%硝酸银、2%的氨水。

【组织形式】

每三个同学为一实验小组，根据实验步骤，自行完成实验。

【注意事项】

(1) 反应装置不能用启普发生器，因为碳化钙与水反应较剧烈，难以控制反应速率；反应会放出大量热量，如操作不当，会使启普发生器炸裂。

(2) 制取时，应在导气管口附近塞入少量棉花的目的是为防止产生的泡沫涌入导管。

(3) 因为在电石中含有少量硫化钙、砷化钙、磷化钙等杂质，跟水作用时生成 H_2S、AsH_3、PH_3 等恶臭气体，应避免吸入。

(4) 在上导管点燃气体前，先抽拉注射器，点燃后慢慢挤压注射器，待看到明显的燃烧现象后，再抽拉注射器，结束乙炔燃烧实验。

【实验步骤】

1. 乙炔的制备

如图3-2所示把仪器组装好。在A处加几颗电石，在注射器上注入15～20mL饱和食盐水，在锥形瓶中加入100～150mL硫酸铜溶液。使注射器中的饱和食盐水慢慢滴下。用排水法收集气体。

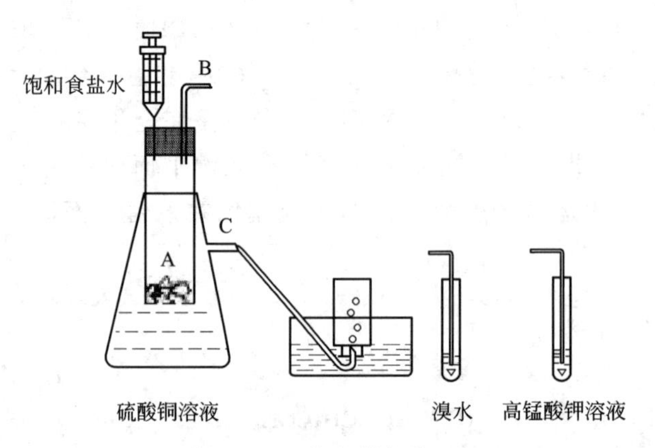

图3-2 乙炔的制备装置

2. 乙炔的性质实验

(1) 可燃性

在B处点燃气体。注意与甲烷、乙烯的燃烧实验对比，看看有什么异同？写出化学反应方程式。

(2) 溴代反应

在C处将乙炔通入1%溴的四氯化碳溶液0.5mL，有什么现象？与甲烷、乙烯作比较。写出化学反应方程式。

(3) 氧化反应

在C处将乙炔通入另一支盛有0.1%的高锰酸钾溶液0.5mL与10%的硫酸0.5mL的试

管，看溶液颜色的变化，与甲烷、乙烯作比较。写出化学反应方程式。

（4）生成金属炔化物

取 5%硝酸银溶液 3mL 加入一滴 10%的氢氧化钠溶液，再滴入 2%的氨水，边滴边摇，直到生成的沉淀恰好溶解。通入乙炔气体，看看溶液有什么变化？写出化学反应方程式。

【任务解析】

1. 乙炔的制备

反应原理是： $CaC_2 + 2H_2O \longrightarrow C_2H_2\uparrow + Ca(OH)_2$

可燃性：

$$2HC\equiv CH + 5O_2 \xrightarrow{点燃} 4CO_2 + 2H_2O$$

与溴加成：

$$HC\equiv CH + Br_2 \longrightarrow \underset{Br}{\underset{|}{HC}}=\underset{Br}{\underset{|}{CH}}$$

被高锰酸钾氧化：

$$3HC\equiv CH + 10KMnO_4 + 2H_2O \longrightarrow 6CO_2 + 10KOH + 10MnO_2$$

生成金属炔化物：

$$HC\equiv CH + 2Ag(NH_3)_2NO_3 \longrightarrow AgC\equiv CAg\downarrow + 2NH_4NO_3 + 2NH_3$$

【想一想】 生产中为什么常用氧炔焰来切割或焊接金属，而不用氧烷焰或氧烯焰呢？

炔烃的同分异构和命名

一、炔烃的异构现象

炔烃从丁炔开始有构造异构体存在，但它没有顺反异构体，构造异构体的产生主要是由碳链不同和三键在碳链中的位置不同而引起的。所以炔烃异构体的数目要比相同碳原子数的烯烃少。例如，戊炔有三种同分异构体：

$CH\equiv CCH_2CH_2CH_3$	$CH_3C\equiv CCH_2CH_3$	$CH\equiv CCH_2(CH_3)$
1-戊炔	2-戊炔	3-甲基-1-丁炔

二、炔烃的命名

1. 衍生命名法

与烯烃相似，简单的炔烃用此方法命名，命名时以乙炔为母体，其他的炔烃看作是乙炔的烃基衍生物。例如：

$CH\equiv CCH_2CH_3$	$CH_3C\equiv CCH_2CH_3$	$CH\equiv C—HC=CH_2$
乙基乙炔	甲基乙基乙炔	乙烯基乙炔

2. 系统命名法

与烯烃相似，命名时只需将名称中的“烯”字改成“炔”字即可。例如：

$CH\equiv CCH_2CH_3$	$CH\equiv CCH_2(CH_3)$	$CH_3C\equiv CCH_2CH_2CH_3$
1-丁炔	3-甲基-1-丁炔	2-己炔

若分子中同时含有双键和三键时，命名时，应选取含双键和三键的最长碳链作为主链，并将其命名为烯炔（烯在前，炔在后）。主链中碳原子的编号遵循最低系列原则，给双、三键尽可能小的数字，当双、三键处在相同的位次时，应给双键最低的编号。例如：

$CH{\equiv}C{-}HC{=}CH_2$ 1-丁烯-3-炔

$CH{\equiv}C{-}CH{=}CHCH_3$ 3-戊烯-1-炔

【练一练】 命名下列化合物。

(1) $CH{\equiv}C{-}CH_2CH(CH_3)CH_3$ (2) $CH_3CH(CH_3)C{\equiv}CCH(CH_3)CH_3$ (3) $CH_2{=}C(CH_3){-}C{\equiv}CH$

基础知识5 炔烃的化学性质

炔烃的官能团碳碳三键中有2个π键，因此化学性质比烯烃活泼。除了能发生加成、氧化和聚合等反应外，还有一些特征反应。

一、加成反应

1. 催化加氢

炔烃碳碳三键中含有两个π键，在常用的催化剂如铂、钯的催化下，既可以与一分子氢加成生成烯烃，又可以与两分子氢加成生成烷烃。例如：

$$R{-}C{\equiv}C{-}R' \xrightarrow[Pd]{H_2} R{-}CH{=}CH{-}R' \xrightarrow[Pd]{H_2} R{-}CH_2CH_2{-}R'$$

炔烃与氢气的加成往往不易停留在烯烃阶段。但使用活性较低的林德拉（Lindlar）催化剂（钯附着于硫酸钡上，加少量喹啉使之部分毒化，从而降低催化剂的活性），炔烃的氢化可以停留在烯烃阶段。这表明，催化剂的活性对催化加氢的产物有决定性的影响。部分氢化炔烃的方法在合成上有广泛的用途。

$$R{-}C{\equiv}C{-}R' + H_2 \xrightarrow{\text{Lindlar 催化剂}} R{-}CH{=}CH{-}R'$$

当分子中双键与三键并存时，首先加成的是三键。

2. 与卤素加成

与烯烃相似，炔烃也能和卤素（主要是氯和溴）发生加成反应，反应是分步进行的，先加一分子卤素生成二卤代烯，然后继续加成得到四卤代烷烃。例如：

$$CH_3{-}C{\equiv}CH \xrightarrow{Br_2/CCl_4} CH_3{-}CBr{=}CHBr \xrightarrow{Br_2/CCl_4} CH_3{-}CBr_2{-}CHBr_2$$

1,2-二溴丙烯　　1,1,2,2-四溴丙烷

与烯烃一样，炔烃与红棕色的溴溶液反应生成无色的溴代烃，所以此反应可用于鉴别炔烃。

但炔烃与卤素的加成反应活性比烯烃小，反应速率慢。例如，烯烃可使溴的四氯化碳溶液立刻褪色，炔烃却需要几分钟才能使之褪色，乙炔甚至需在光或氯化铁催化下才能加溴。所以当分子中同时存在双键和三键时，首先进行的是双键加成。

3. 与卤化氢加成

与烯烃一样，炔烃也能与卤化氢加成，并遵循马氏规则。反应是分两步进行的，控制试

剂的用量可只进行一步反应，生成卤代烯烃。例如：

$$CH \equiv CH \xrightarrow{HI} \underset{\text{碘乙烯}}{CH_2 = CHI} \xrightarrow{HI} \underset{\text{1,1-二碘乙烷}}{CH_3 - CHI_2}$$

$$CH_3CH_2C \equiv CH \xrightarrow{HBr} \underset{\text{2-溴-1-丁烯}}{CH_3CH_2\underset{\displaystyle Br}{\underset{|}{C}} = CH_2} \xrightarrow{HBr} \underset{\text{2,2-二溴丁烷}}{CH_3CH_2\overset{\displaystyle Br}{\overset{|}{\underset{\displaystyle Br}{\underset{|}{C}}}} - CH_3}$$

同样，炔烃与卤化氢加成反应活性比烯烃小。

4. 与水加成

与烯烃不同，炔烃在酸催化下直接加水是困难的，但在稀硫酸水溶液中，用汞盐作催化剂，炔烃可以和水顺利地发生加成反应。例如，乙炔在10%硫酸和5%硫酸汞水溶液中发生加成反应，生成乙醛，这是工业上生产乙醛的方法之一：

$$CH \equiv CH + HOH \xrightarrow[H_2SO_4]{HgSO_4} \underset{\text{乙烯醇}}{[CH_2 = CH - OH]} \xrightarrow{\text{重排}} \underset{\text{乙醛}}{CH_3 - CHO}$$

反应时，首先是三键与一分子水加成，生成羟基与双键碳原子直接相连的加成产物，称为烯醇。烯醇很不稳定，容易发生重排，形成稳定的羰基化合物。

炔烃与水的加成遵从马氏规则，因此除乙炔加水得到乙醛外，其他炔烃与水加成均得到酮。例如：

$$RC \equiv CH + HOH \xrightarrow[H_2SO_4]{HgSO_4} \left[\underset{\displaystyle OH}{\underset{|}{RC}} = CH_2 \right] \xrightarrow{\text{重排}} R - \overset{\displaystyle O}{\overset{\|}{C}} - CH_3$$

二、氧化反应

炔烃与烯烃相似，可被高锰酸钾等氧化剂氧化，主要生成羧酸，端炔烃同时会生成二氧化碳。例如：

$$RC \equiv CH \xrightarrow[H^+]{KMnO_4} R - \overset{\displaystyle O}{\overset{\|}{C}} - OH + CO_2 + H_2O$$

$$RC \equiv CR' \xrightarrow[H^+]{KMnO_4} R - \overset{\displaystyle O}{\overset{\|}{C}} - OH + R' - \overset{\displaystyle O}{\overset{\|}{C}} - OH$$

反应后高锰酸钾溶液的紫色消失，现象非常明显，通常用来检验分子中是否存在碳碳三键。根据所得氧化产物的结构，还可推知原炔烃的结构。

三、聚合反应

炔烃与烯烃一样也可以发生聚合反应。使用不同的催化剂、在不同的反应条件下，聚合产物会不同。例如，把乙炔气体通入含有少量盐酸的氯化亚铜-氯化铵的水溶液中，2分子乙炔聚合生成乙烯基乙炔，乙烯基乙炔是合成橡胶的重要原料。

$$2CH \equiv CH \xrightarrow[84 \sim 96℃]{Cu_2Cl_2\text{-}NH_4Cl} CH_2 = CH - C \equiv CH$$

乙烯基乙炔合成氯丁橡胶单体2-氯-1,3-丁二烯，反应方程式如下：

$$CH_2{=}CH{-}C{\equiv}CH + HCl \xrightarrow[H^+, 45℃]{Cu_2Cl_2\text{-}NH_4Cl} CH_2{=}CH{-}\underset{\displaystyle Cl}{\underset{|}{C}}{=}CH_2$$

四、生成金属炔化物的反应

炔烃分子中三键碳原子上的氢容易被金属置换生成金属炔化物。例如，乙炔与熔融的钠在110℃反应，可生成白色乙炔钠；同时放出氢气。若在190～220℃与金属钠作用，则乙炔中两个氢原子都可被金属钠取代，生成乙炔二钠：

$$2HC{\equiv}CH + 2Na \xrightarrow{110℃} \underset{\text{乙炔钠}}{2HC{\equiv}CNa} + H_2$$

$$HC{\equiv}CH + 2Na \xrightarrow{190\sim220℃} \underset{\text{乙炔二钠}}{NaC{\equiv}CNa} + H_2$$

此反应在液氨中更容易进行，液氨与金属钠作用生成氨基钠，丙炔或其他末端炔烃与氨基钠反应，生成炔化钠：

$$R{-}C{\equiv}CH + NaNH_2 \xrightarrow{\text{液氨}} R{-}C{\equiv}CNa + NH_3$$

炔化钠与卤代烃（一般为伯卤代烷）作用，可在炔烃分子中引入烷基，制得一系列炔烃同系物。例如：

$$R{-}C{\equiv}CNa + RBr \xrightarrow{\text{液氨}} R{-}C{\equiv}C{-}R + NaBr$$

末端炔烃与某些重金属离子反应，生成重金属炔化物。例如，将乙炔通入硝酸银的氨溶液或氯化亚铜的氨溶液时，则分别生成白色的乙炔银沉淀和红棕色的乙炔亚铜沉淀：

$$R{-}C{\equiv}CH + Ag(NH_3)_2NO_3 \longrightarrow R{-}C{\equiv}C{-}Ag\downarrow + NH_3 + NH_4NO_3$$

$$R{-}C{\equiv}CH + Cu(NH_3)_2Cl \longrightarrow R{-}C{\equiv}C{-}Cu\downarrow + NH_3 + NH_4Cl$$

反应非常灵敏，现象很明显，可用来鉴别乙炔和端炔。另外，这些金属炔化物容易被盐酸、硝酸分解为原来的炔烃，利用此性质可分离和精制末端炔。如：

$$Ag{-}C{\equiv}C{-}Ag + 2HCl \longrightarrow CH{\equiv}CH + 2AgCl$$

要注意金属炔化物在干燥状态下或受撞击会发生爆炸，因此实验后应立即用盐酸或硝酸将其分解。

【想一想】 怎样区别乙烯和乙炔？

阅读材料1 乙烯、丙烯、乙炔的用途

低级烯烃在工业上主要是从石油裂解得到，也可以用醇脱水和卤代烷脱卤化氢制备。它们是石油化学工业应用最基本的一些化工原料。大量的乙烯用于聚合成聚乙烯，也广泛用于制备一些重要的化学制品，如聚氯乙烯（PVC）、乙醇、环氧乙烷（制备防冻剂、洗涤剂、合成纤维、黏合剂等）、聚苯乙烯和乙酸等。

乙烯的用途如图3-3所示。

丙烯的用途如图3-4所示。

乙炔可用以照明、焊接及切断金属（氧炔焰），也是制造乙醛、醋酸、苯、合成橡胶、合成纤维等的基本原料，如图3-5所示。

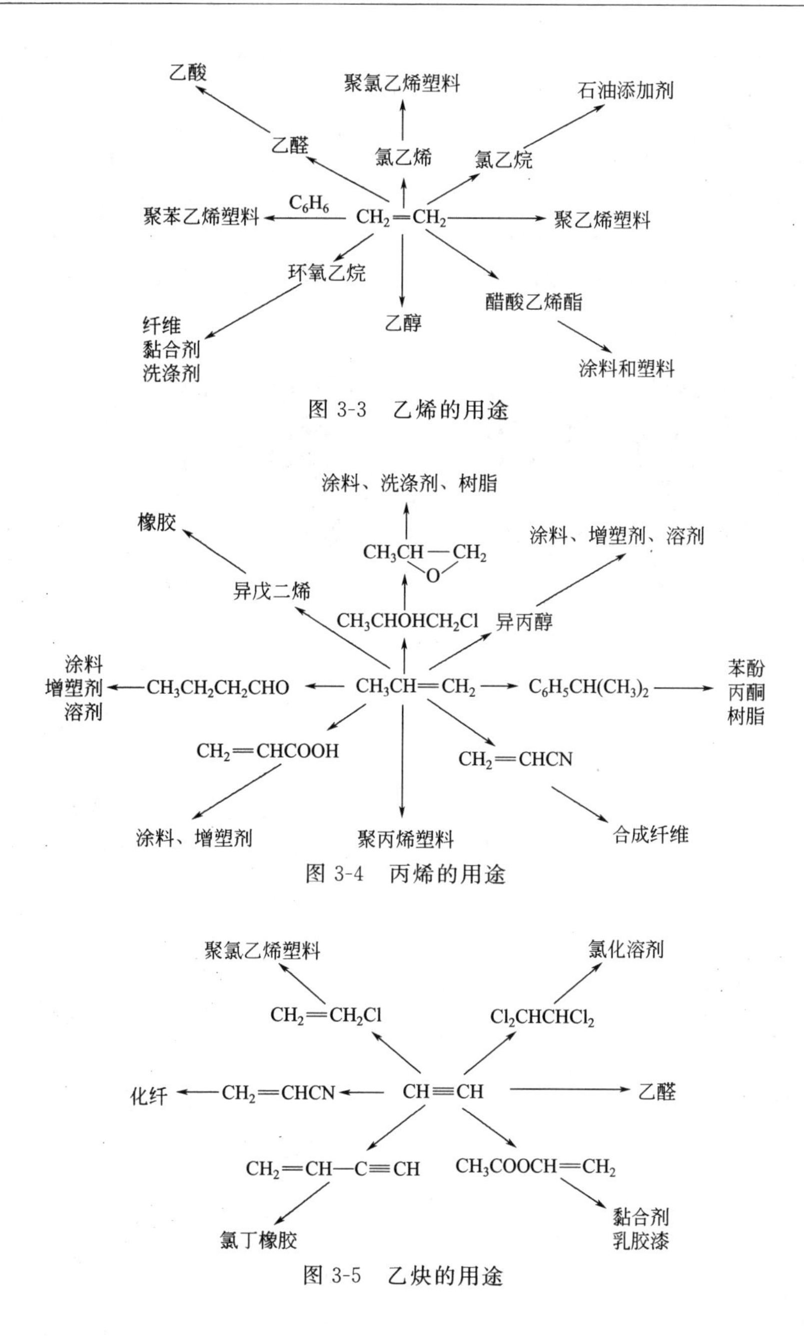

图 3-3　乙烯的用途

图 3-4　丙烯的用途

图 3-5　乙炔的用途

阅读材料 2　塑料王聚四氟乙烯（PTFE）

塑料为合成的高分子化合物，是三大合成材料（塑料、合成橡胶、合成纤维）之一。塑料可以像金属般坚牢，棉花般轻盈，玻璃般透明，黄金般稳定，云母般绝缘。有人预言未来的世界是塑料的世界。已投入工业生产的塑料有 300 多种，其中聚四氟乙烯被称为“塑料之王”。

氟树脂之父罗伊·普朗克特于 1936 年在美国杜邦公司开始研究氟里昂的代用品，他们收集了部分四氟乙烯贮存于钢瓶中，准备第二天进行下一步的实验，可是当第二天打开钢瓶减压阀后，却没有气体溢出，他们以为是漏气，可是将钢瓶称量时，发现钢瓶并没有减重。他们锯开了钢瓶，发现了大量的白色粉末，这是聚四氟乙烯。我国于 1965 年成功研制聚四氟乙烯。

聚四氟乙烯，其结构简式为$\text{+}CF_2—CF_2\text{+}_n$，具有优良的化学稳定性、耐腐蚀性，是当今世界上耐腐蚀性能最佳的材料之一，除熔融金属钠和液氟外，能耐其他一切化学药品，在王水中煮沸也不起变化，广泛应用于各种需要抗酸碱和有机溶剂的场合。有密封性、高润滑不黏性、电绝缘性和良好的抗老化能力、耐温优异（能在+250～−180℃的温度下长期工作）。聚四氟乙烯本身对人没有毒性。

它的产生解决了化工、石油、制药等领域的许多问题。聚四氟乙烯已被广泛地用作密封材料和填充材料，可以制成各种密封件、垫片、密封垫圈；广泛地用作工程塑料，可制成聚四氟乙烯管、棒、带、板、薄膜等；广泛地应用于性能要求较高的耐腐蚀的管道、容器、泵、阀以及制雷达、高频通讯器材、无线电器材等（见图 3-6）。

(a) 聚四氟乙烯板

(b) 聚四氟乙烯管

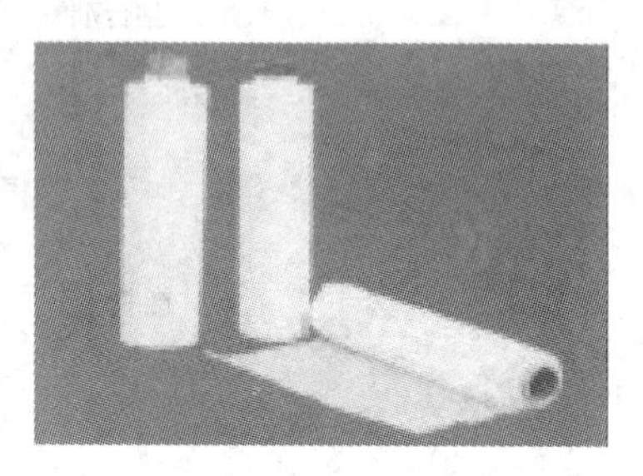

(c) 聚四氟乙烯薄膜

图 3-6 聚四氟乙烯产品

本章小结

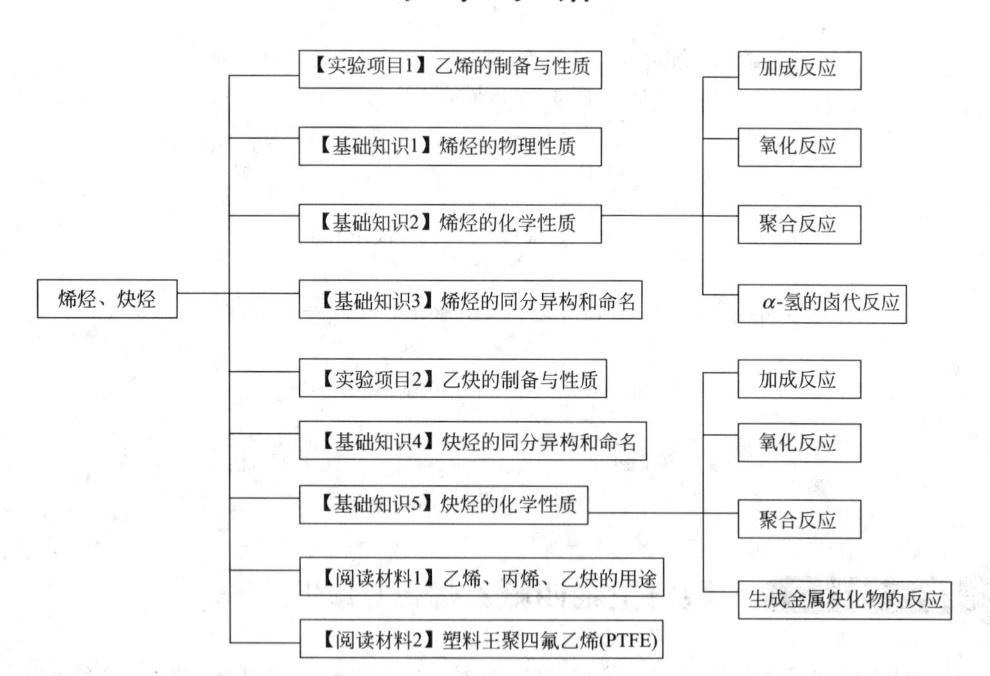

课后习题

1. 选择题

(1) 化合物 $CH_2═CH_2$ 不易发生的反应是（　　）。

A. 氧化反应　　B. 聚合反应　　C. 取代反应　　D. 与卤素反应

(2) 下列化合物能够与硝酸银的氨溶液反应生成沉淀的是（　　）。

A. 乙烯　　B. 2-丁炔　　C. 1-丁炔　　D. 1,3-丁二烯

(3) 下列命名正确的是（　　）。

A. 1,2-二甲基丁烷　　B. 3-乙基-2-戊烯　　C. 2-乙基丁烷　　D. 3-乙基-2-丁烯

2. 判断题

(1) 某烯烃的名称是：2-甲基-3-戊烯。（　　）

(2) 农业上常用熟苹果催熟青香蕉，这是利用了成熟水果释放出的乙烯能促进生果成熟的原理。（　　）

(3) HCl 可以在过氧化物存在的条件下与烯烃按反马氏规则发生加成反应。（　　）

(4) 炔烃在林德拉催化剂的作用下与 H_2 发生加成反应生成相应的烷烃。（　　）

(5) 只有端炔烃碳原子上的氢才能被金属置换而生成金属炔化物。（　　）

3. 怎样用化学方法区别乙烯、乙炔、乙烷？

4. 化合物 C_7H_{14} 经 $KMnO_4$ 氧化后的两个产物与臭氧化还原水解后的两个产物相同，且产物不能使澄清石灰水变浑浊。写出 C_7H_{14} 的构造式。

5. 某化合物分子式为 C_7H_{14}，经臭氧氧化还原水解后，得到一分子乙醛和一分子酮，写出该化合物可能的构造式。

6. 有 A 和 B 两个化合物，它们互为构造异构体，都能使溴的四氯化碳溶液褪色。A 与 $Ag(NH_3)_2NO_3$ 反应生成白色沉淀，而 B 无反应。用 $KMnO_4$ 溶液氧化，A 生成丙酸和二氧化碳，而 B 只生成一种羧酸。写出 A 和 B 的构造式及各步反应式。

7. 化合物 A 的分子式为 C_6H_{10}，A 加氢后生成 2-甲基戊烷，A 在硫酸汞催化下加水则生成酮（RCOR′），A 与氯化亚铜氨溶液作用有沉淀生成。写出 A 的构造式及各步反应式。

第四章

芳 香 烃

知识目标

1. 掌握苯制备和性质
2. 掌握蒸馏和沸点的测定
3. 熟悉芳香烃的命名和性质
4. 了解芳香烃的来源、用途

能力目标

1. 会蒸馏和沸点测定基本操作
2. 小组成员间的团队协作能力
3. 培养学生的动手能力和安全生产的意识

生活常识　食品中的苯并芘

苯并芘是多环芳烃，多存在于熏烤、高温油炸食品中。熏烤食品中的苯并芘来源：①所用的燃料——木炭的烟雾中就含有少量的苯并芘，在高温下有可能侵入食品中；②烤制时，滴于火上的食物脂肪焦化产物发生热聚合反应，形成苯并芘，附着于食物表面，这是烤制食物中苯并芘的主要来源；③由于熏烤的鱼、肉等自身的化学成分——糖和脂肪不完全燃烧也会产生苯并芘以及其他多环芳烃；④食物炭化时，脂肪因高温裂解，产生自由基，并相互结合生成苯并芘。另外，高温植物油多次使用、油炸过火、食品爆炒都会产生苯并芘。研究发现，食用油加热到270℃时，产生的油烟中含有苯并芘等化合物。300℃以上的加热，即便是短时间，也会产生大量的致癌物苯并芘。在日常炒菜的温度下，加热时间越长，油脂中产生的苯并芘就越多。

纯苯蒸馏和沸点的测定

【任务描述】

在实验室用常量法测纯苯的沸点。

【教学器材】

多媒体实验室、铁架台、酒精灯、温度计、蒸馏烧瓶、冷凝管、尾接管、接收器、软木塞、长颈漏斗。

【教学药品】

苯、沸石。

【组织形式】

每三个同学为一实验小组，根据实验步骤，自行完成实验。

【注意事项】

（1）蒸馏易挥发和易燃的物质，不能用明火，否则会引起火灾，应用热浴。

（2）所有的软木塞不能漏气，以免在蒸馏过程中有蒸气渗漏而造成产物损失，甚至发生火灾。

（3）蒸馏前应加入止暴剂。当液体沸腾时，千万不能再加入止暴剂，否则液体会冲出，若易燃会引起火灾。

【实验步骤】

1. 蒸馏装置的选择

（1）蒸馏瓶

蒸馏瓶的选用与被蒸液体量的多少有关，通常装入液体的体积应为蒸馏瓶容积的 1/3～2/3。液体量过多或过少都不宜。在蒸馏低沸点液体时，选用长颈蒸馏瓶；而蒸馏高沸点液体时，选用短颈蒸馏瓶。

（2）温度计

温度计应根据被蒸馏液体的沸点来选，低于 100℃，可选用 100℃温度计；高于 100℃，应选用 250～300℃水银温度计。

（3）冷凝管

冷凝管可分为水冷凝管和空气冷凝管两类，水冷凝管用于被蒸液体沸点低于 140℃；空气冷凝管用于被蒸液体沸点高于 140℃。

（4）尾接管及接收瓶

尾接管将冷凝液导入接收瓶中。常压蒸馏选用锥形瓶为接收瓶，减压蒸馏选用圆底烧瓶为接收瓶。如图 4-1 所示安装普通蒸馏装置。

2. 蒸馏的操作

（1）加料

将待蒸纯苯 25mL 小心倒入蒸馏瓶中，不要使液体从支管流出，可使用长颈漏斗。加入几粒沸石，塞好带温度计的塞子，注意温度计的位置，再检查一次装置是否稳妥与严密。

（2）加热

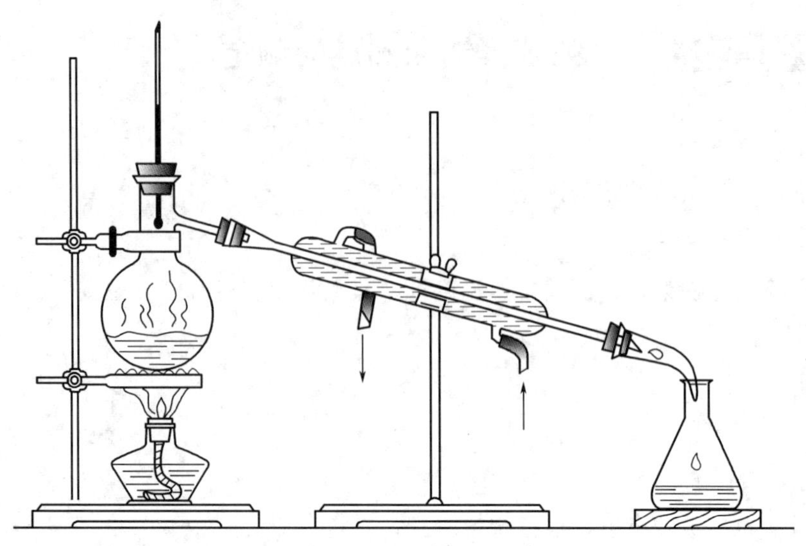

图 4-1 普通蒸馏装置图

先打开冷凝水，缓缓通入冷水，然后开始加热。注意冷水自下而上，蒸气自上而下，两者逆流冷却效果好。

当液体沸腾，蒸气到达温度计水银球部位时，温度计读数急剧上升，调节热源，让水银球上液滴和蒸气温度达到平衡，使蒸馏速度以每秒 1～2 滴为宜。此时温度计读数就是馏出液的沸点。

蒸馏时若热源温度太高，使蒸气成为过热蒸气，造成温度计所显示的沸点偏高；若热源温度太低，馏出物蒸气不能充分浸润温度计水银球，造成温度计读得的沸点偏低或不规则。

(3) 收集馏出液

准备两个接收瓶，一个接收前馏分或称馏头，另一个（需称重）接收所需馏分，并记下该馏分的沸程：即该馏分的第一滴和最后一滴时温度计的读数。在所需馏分蒸出后，温度计读数会突然下降。此时应停止蒸馏。即使杂质很少，也不要蒸干，以免蒸馏瓶破裂及发生其他意外事故。

【任务解析】

1. 沸点

当液体的蒸气压增大到与外界施于液面的总压力（通常是大气压力）相等时，就有大量气泡从液体内部逸出，即液体沸腾。这时的温度称为液体的沸点。纯粹的液体有机化合物在一定的压力下具有一定的沸点（沸程 0.5～1.5℃）。利用这一点，我们可以测定纯液体有机物的沸点，又称常量法。但是具有固定沸点的液体不一定都是纯粹的化合物，因为某些有机化合物常和其他组分形成二元或三元共沸混合物，它们也有一定的沸点。

2. 普通蒸馏

蒸馏是将液体有机物加热到沸腾，使液体变成蒸气，又将蒸气冷凝为液体的过程。通过蒸馏可除去不挥发性杂质，可分离沸点差大于 30℃的液体混合物，还可以测定纯液体有机物的沸点及定性检验液体有机物的纯度。

【想一想】 中途需添加液体时应该怎么操作？冷凝水需要停吗？

芳香烃及其物理性质

芳香烃是芳香族烃类化合物的简称，也称芳烃。芳香族化合物最早是指从天然树脂和香精油中获得的具有香味的物质。但目前已知的芳香族化合物中，大多数是没有香味的，因此，“芳香”这个词已经失去了原有的意义，只是由于习惯而沿用至今。这类物质的碳氢比值较高，不饱和程度大，但与烯烃、炔烃性质相比有很大差异，它们不易发生加成和氧化反应，而容易发生取代反应。

芳香烃按分子中所含苯环的数目和结构可分为三大类：单环芳烃、多环芳烃、稠环芳烃。

单环芳烃是分子中只含一个苯环的芳烃。例如：

CH_3 CH_2CH_3

苯 甲苯 乙苯

多环芳烃是分子中含有两个或两个以上独立的苯环的芳烃。例如：

CH

联苯 三苯甲烷

稠环芳烃是分子中含有两个或两个以上苯环彼此通过共用相邻的两个碳原子稠合而成的芳烃。例如：

萘 蒽

单环芳烃多数是无色液体，具有特殊香味，比水轻，不易溶于水，易溶于乙醚、四氯化碳、乙醇等有机溶剂。甲苯、二甲苯等对某些涂料有较好的溶解性，可用作涂料工业的稀释剂。单环芳烃具有特殊气味，蒸气有毒，其中苯的毒性较大，长期吸入，能损坏造血器官及神经系统。一些常见单环芳烃的物理性质见表 4-1。

表 4-1 常见单环芳烃的物理性质

名称	熔点/℃	沸点/℃	相对密度
苯	5.5	80.0	0.879
甲苯	−95.0	110.6	0.867
邻二甲苯	−25.2	144.4	0.880
间二甲苯	−47.9	139.1	0.864
对二甲苯	13.3	138.4	0.861
连三甲苯	−25.5	176.1	0.894
偏三甲苯	−43.9	169.2	0.876
均三甲苯	−44.7	164.6	0.865
乙苯	−95	136.1	0.867
正丙苯	−99.6	159.3	0.862
异丙苯	−96	152.4	0.862

【想一想】 二甲苯的异构体的熔、沸点的影响因素是什么？

基础知识2 单环芳烃的同分异构和命名

单环芳烃包括苯、苯的同系物和苯基取代的不饱和烃。

当苯环上的氢原子被不同的烷基取代时，则得到苯的烷基衍生物，也就是苯的同系物。通式为 C_nH_{2n-6}，其中 $n \geqslant 6$。当 $n=6$ 时，为苯的分子式 C_6H_6。苯是最简单的单环芳烃，它没有同分异构体。由于苯环上的 6 个碳原子和 6 个氢原子是等同的，当环上无论哪个氢原子被甲基取代后，都得到同样的化合物甲苯。所以苯的一元取代衍生物也没有同分异构体。当支链含有 2 个或 2 个以上碳原子时，则出现同分异构现象。

一、苯的同分异构体

苯的同系物产生同分异构现象的原因有两方面。

1. 苯环上支链结构不同产生的同分异构

(1) 取代基不同

乙苯　　邻二甲苯

(2) 支链的构造不同

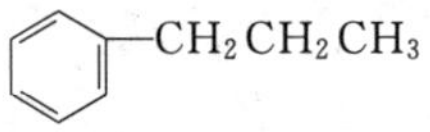

$-CH_2CH_2CH_3$　　$-CHCH_3$ (CH_3)

正丙苯 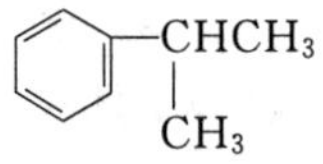　　异丙苯

2. 支链在环上的相对位置不同产生的同分异构

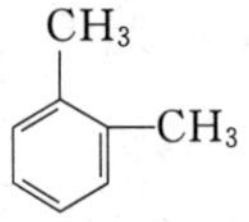

CH_3, CH_3　　CH_3, CH_3　　CH_3, CH_3

邻二甲苯 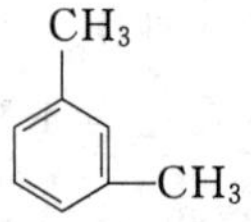　　间二甲苯 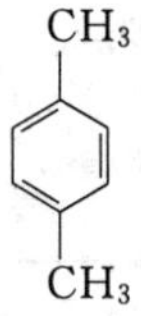　　对二甲苯

二、单环芳烃的命名

1. 一元烷基苯的命名

以苯为母体，烷基作为取代基，称为某烷基苯，10 个碳原子以下的烷基“基”字可省略。例如：

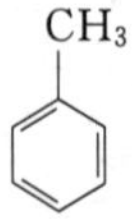

CH_3　　$-CHCH_3$ (CH_3)

甲(基)苯 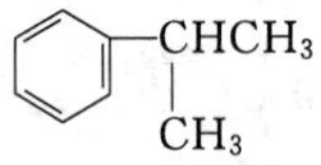　　异丙(基)苯

2. 二元烷基苯的命名

由于烷基在环上的相对位置不同，可产生三种异构体。烷基的位置必须用阿拉伯数字或邻［o-(ortho-)］、间［m-(meta-)］、对［p-(para-)］等字样表明。或者选择按此序规则中原子或原子团的优先顺序编碳号，优先次序靠前的为 1 号碳，然后按“最低系列”原则编号。例如：

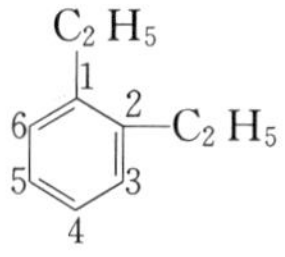

1,2-二乙苯（邻二乙苯）（o-二乙苯）　　1,3-二乙苯（间二乙苯）（m-二乙苯）　　1,4-二乙苯（对二乙苯）（p-二乙苯）

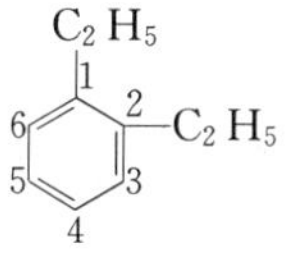

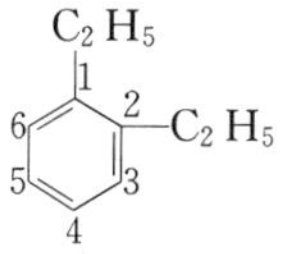

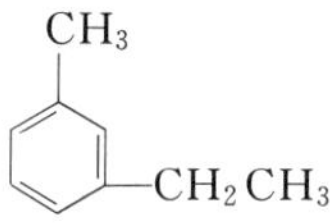

1-甲基-3-乙苯（间甲乙苯）　　1-甲基-4-异丙苯（对甲异丙苯）

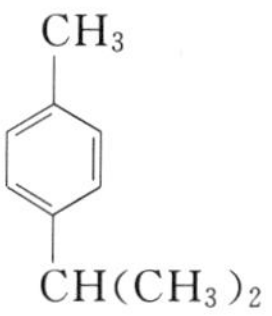

3. 三烷基苯的命名

由于烷基的相对位置不同，常用数字表示。如果三个烷基相同时，也可用“连”、“偏”、“均”等字样表示。烷基不同时，编碳号同二元取代。例如：

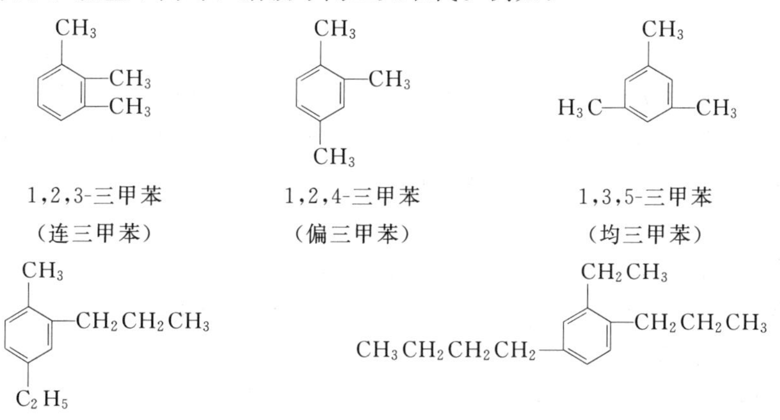

1,2,3-三甲苯（连三甲苯）　　1,2,4-三甲苯（偏三甲苯）　　1,3,5-三甲苯（均三甲苯）

1-甲基-4-乙基-2-正丙基苯　　1-乙基-2-正丙基-4-正丁基苯

对于构造复杂的烷基苯，或苯环上连有不饱和烃基时，则可把支链当作母体，将苯环当作取代基来命名。例如：

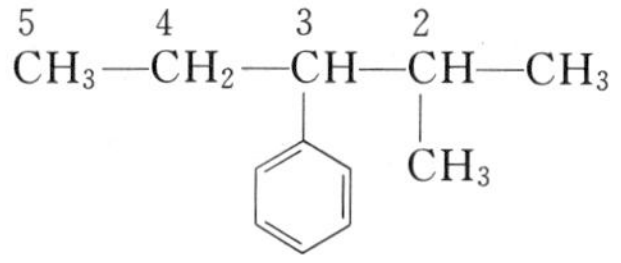

2-甲基-3-苯基戊烷 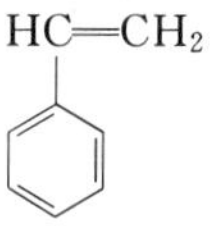　　苯乙烯 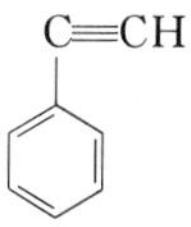　　苯乙炔

三、芳基

芳烃分子去掉一个氢原子后剩下的原子团称为芳基，可用 Ar-(aryl) 表示。苯分子去掉一个氢原子后剩下的原子团 C_6H_5—叫做苯基，也可以用 Ph (phenyl) 表示。甲苯分子中芳

环上去掉一个氢原子后所得的基团称甲苯基 $CH_3C_6H_4$—，甲苯的甲基上去掉一个氢原子后所得的基团 $C_6H_5CH_2$—称为苯甲基，又称苄基。

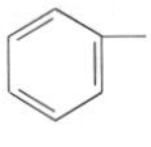

苯基 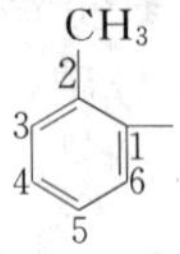　　邻甲苯基（2-甲苯基）　　对甲苯基（4-甲苯基）　　苯甲基（苄基）

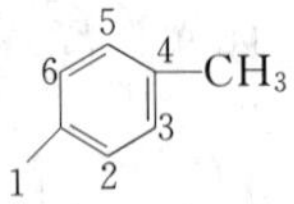

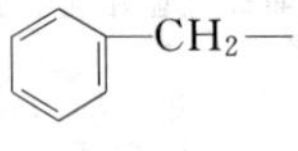

四、单环芳烃衍生物的命名

芳环本身有时作取代基，有时作母体，也是根据取代基的“优先次序”决定的。

单环芳烃衍生物的命名大致可分为两类。一类是芳环上连有硝基、卤原子的命名。硝基、卤原子只作取代基，芳环为母体。例如：

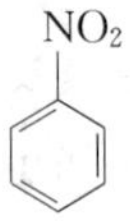

硝基苯 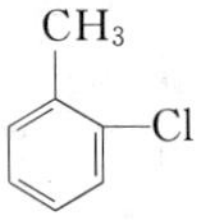　　邻氯甲苯

另一类是在芳环上连有烷氧基、氨基、羟基、羰基、羧基、磺酸基等基团的命名。将芳基作取代基，其衍生物作母体。例如：

苯甲醚 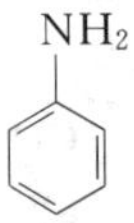　　苯胺 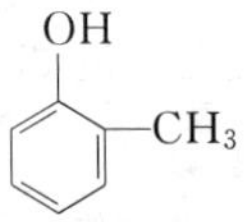　　邻甲苯酚 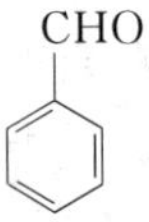　　苯甲醛 　　苯甲酸 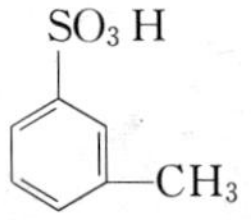　　间甲苯磺酸

当芳环上连有两个以上不同取代基时，则按取代基的“优先次序”，优先者作为母体，其余作为取代基。一些常见官能团的优先次序如下：

—COOH、—SO_3H、—CN、—CHO、—$COCH_3$、—OH、—NH_2、—R、—X、—NO_2

一般来说，排在前面的官能团优先于排在后面的官能团。

芳环上碳原子的编号，除与母体基团相连的碳原子定为 1 位外，环上其他取代基按“次序规则”和“最低系列”原则编号。例如：

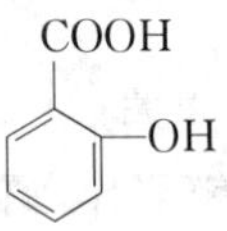

2-羟基苯甲酸 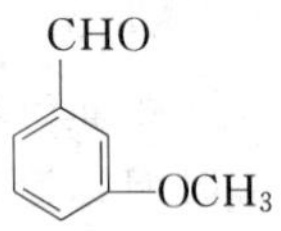　　3-甲氧基苯甲醛 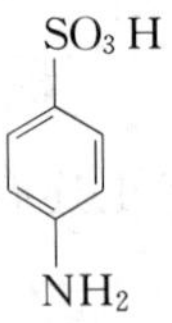　　4-氨基苯磺酸 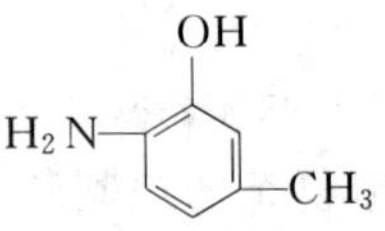　　5-甲基-2-氨基苯酚

【练一练】 命名下列化合物。

(1) 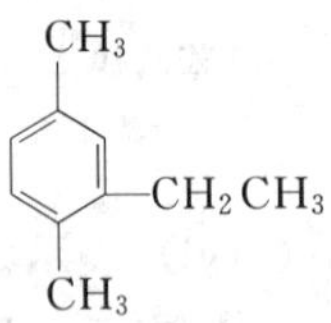　　(2) 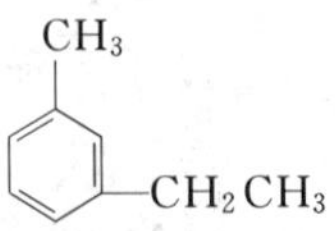　　(3) 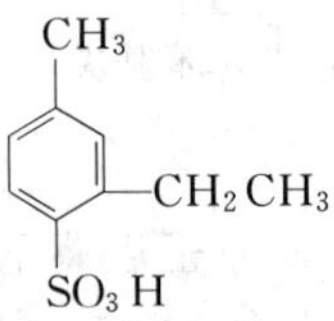　　(4)

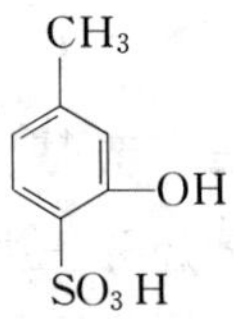

芳烃的化学性质

【任务描述】

通过实验掌握芳烃的化学性质从而学会芳烃的鉴别方法。

【教学器材】

多媒体实验室、试管、圆底烧瓶、橡皮塞、水浴锅、60W 以上日光灯、烧杯。

【教学药品】

苯、甲苯、二甲苯、环己烯、氯气、萘、1%溴的四氯化碳溶液、0.5%的高锰酸钾溶液、10%的硫酸、浓硝酸、饱和食盐水。

【组织形式】

每三个同学为一实验小组，根据实验步骤，自行完成实验。

【注意事项】

(1) 注意强酸的腐蚀性。

(2) 注意苯、氯气的毒性。

【实验步骤】

1. 高锰酸钾溶液的氧化实验

在三支试管中分别加入苯、甲苯、环己烯各 0.5mL，再分别加入 0.5%的高锰酸钾溶液 0.2mL 和 10%的硫酸溶液 0.5mL，振荡（必要时用 60～70℃的水浴加热几分钟），观察比较三支试管的现象，写出化学反应方程式。

2. 与氯气加成的反应实验

取一个干燥的 250mL 圆底烧瓶，在通风橱内收集氯气后用黑布包好，加入 0.5mL 干燥的苯，用塞子塞住，充分摇荡，移至日光下或日光灯下，解开黑布，用光照射，观察反应现象。再用黑布重新包好烧瓶，放置一段时间后解开黑布立即观察，有何现象？然后再放于日光下照射，又有何现象？写出化学反应方程式。

3. 芳烃取代反应实验

(1) 溴代

在三支小试管中分别加入体积大约相等的苯、甲苯、二甲苯，使液柱高度为 3～4cm，把每支试管套上约 1.5cm 高的橡皮管或黑色纸筒。在每支试管中各加入 3～4 滴溴的四氯化碳溶液，振荡，把试管放在离灯源（60W 以上）2～3cm 处，用灯光照射，尽量使每支试管的照射强度相当。观察实验现象解释之，并写出化学反应方程式。

(2) 磺化

在三支试管中分别加入苯、甲苯、二甲苯各 1.5mL，各加入 2mL 浓硫酸，将试管放在水浴中加热到 80℃，随时强烈振荡，观察实验现象解释之。把各反应后的混合物分成两份，一份倒入盛有 10mL 水的小烧杯，另一份倒入盛有 10mL 饱和食盐水的小烧杯，观察实验现象，并写出化学反应方程式。

(3) 硝化

在干燥的大试管中加入 3mL 浓硝酸，在冷却下逐滴加入 4mL 浓硫酸，冷却振荡，然后将混酸分成两份，冷却，分别加入 1mL 苯、甲苯，充分摇荡，必要时用 60℃的水浴加热几分钟，再分别倾入 10mL 冷水中，搅拌、静置，观察生成物为黄色油状物，并注意有无苦杏仁味？写出化学反应方程式。

【任务解析】

1．高锰酸钾溶液的氧化实验

苯不与高锰酸钾反应，甲苯被氧化成苯甲酸：

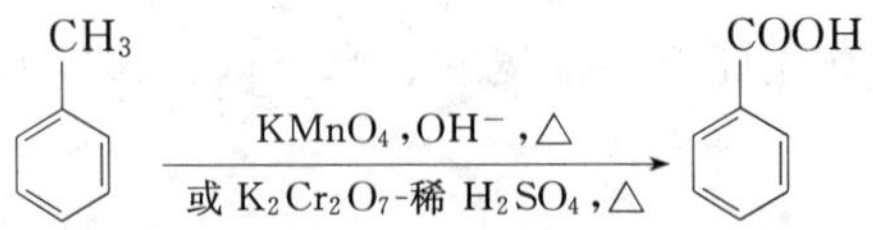

$$C_6H_5CH_3 \xrightarrow[\text{或 } K_2Cr_2O_7\text{-稀 } H_2SO_4,\triangle]{KMnO_4, OH^-, \triangle} C_6H_5COOH$$

环己烯被高锰酸钾氧化成己二酸：

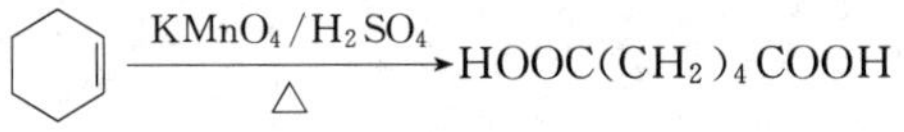

$$\text{环己烯} \xrightarrow[\triangle]{KMnO_4/H_2SO_4} HOOC(CH_2)_4COOH$$

2．与氯气加成的反应实验

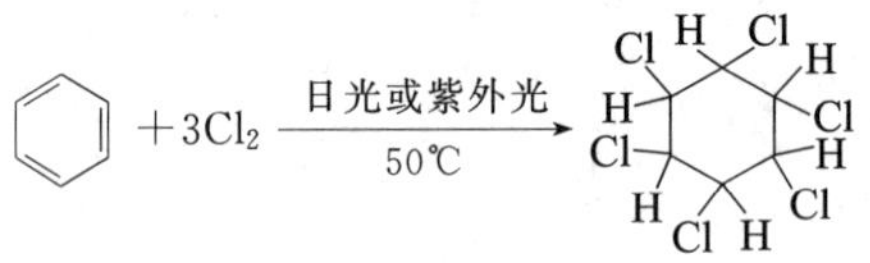

$$C_6H_6 + 3Cl_2 \xrightarrow[50℃]{\text{日光或紫外光}} C_6H_6Cl_6$$

3．芳烃取代反应实验

(1) 溴代

溴与甲苯和二甲苯在光照条件下可以发生 α-氢取代反应：

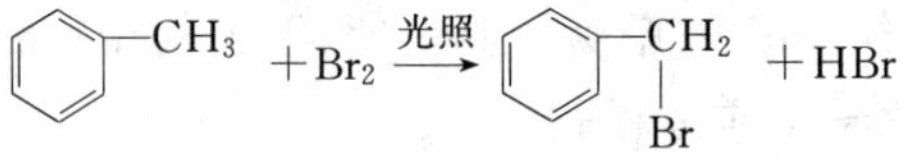

$$C_6H_5CH_3 + Br_2 \xrightarrow{\text{光照}} C_6H_5CH_2Br + HBr$$

(2) 磺化

苯、甲苯、二甲苯与浓硫酸加热到 80℃，可以在苯环上引入磺酸基：

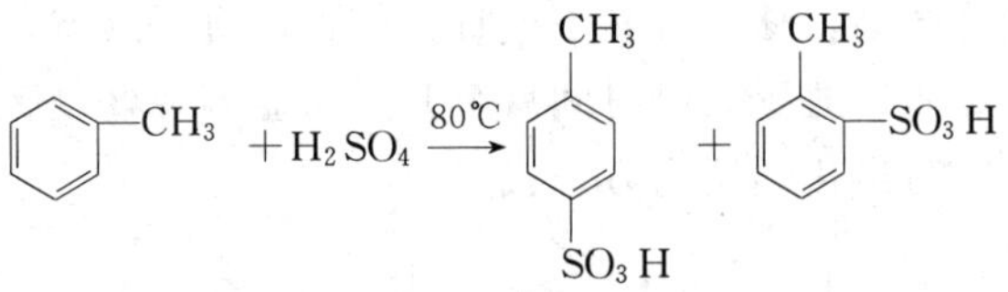

$$C_6H_5CH_3 + H_2SO_4 \xrightarrow{80℃} p\text{-}CH_3C_6H_4SO_3H + o\text{-}CH_3C_6H_4SO_3H$$

磺化是可逆的，生成的苯磺酸水解又生成原反应物。

(3) 硝化

甲苯比苯容易硝化，反应方程式见本章基础知识 3。

【想一想】 芳烃的化学性质与烯烃、炔烃有什么异同？

基础知识 3　单环芳烃的化学性质

一、苯环上的取代反应

苯环上的氢原子被卤素、硝基、磺酸基、烷基和酰基等原子或基团取代的反应，是单环芳烃最重要的化学反应，在化工领域和药物合成中都有十分重要的用途。

1. 卤代反应

苯与卤素一般情况下不发生取代反应，但在铁粉或无水三卤化铁的催化作用下，苯与卤素发生取代反应生成卤苯，同时放出卤化氢。此反应称为卤代反应，也称卤化反应。例如：

$$C_6H_6 + Br_2 \xrightarrow[55\sim60℃]{FeBr_3\ 或\ Fe} C_6H_5—Br + HBr$$

$$C_6H_6 + Cl_2 \xrightarrow[55\sim60℃]{FeCl_3\ 或\ Fe} C_6H_5—Cl + HCl$$

不同的卤素与苯环发生取代反应的活泼次序是：氟＞氯＞溴＞碘。

其中氟化反应剧烈，碘化反应缓慢，而且生成的碘化氢是强还原剂，使反应成为以逆向反应为主的可逆反应。如果加入氧化剂如硝酸，使生成的碘化氢分解，或者加入硝酸银，使它变成碘化银沉淀，反应即可进行到底。

烷基苯在氯化铁或铁粉的作用下，比苯更容易发生氯代反应，主要生成邻位和对位取代物。例如：

$$C_6H_5CH_3 + Cl_2 \xrightarrow[或\ Fe]{FeCl_3} o\text{-}ClC_6H_4CH_3 + p\text{-}ClC_6H_4CH_3$$

邻氯甲苯 对氯甲苯

在较高温度或光照射下，烷基苯也可与卤素作用，但取代的不是环上的氢原子，而是侧链上的氢原子，主要取代 α-氢原子。例如：

$$C_6H_5CH_3 + Cl_2 \xrightarrow{光} C_6H_5CH_2Cl \xrightarrow[光]{Cl_2} C_6H_5CHCl_2 \xrightarrow[光]{Cl_2} C_6H_5CCl_3$$

苯一氯甲烷 苯二氯甲烷 苯三氯甲烷

(苄基氯)

$$C_6H_5—CH_2CH_3 + Cl_2 \xrightarrow{光} C_6H_5—CHClCH_3 + HCl$$

1-氯-1-苯基乙烷

苄基氯是无色液体，沸点 179℃，不溶于水，溶于有机溶剂。其蒸气有刺激性和催泪作用，苄基氯分子中的氯原子非常活泼，极易被取代。例如，室温下，苄基氯与硝酸银的醇溶液发生反应，与碱溶液共沸，即可水解生成苄醇。苄基氯可用于合成苄醇、苯乙腈、苄胺等，并可作苯甲基化剂。

2. 硝化反应

苯与浓硝酸和浓硫酸的混合物（也称混酸）于 50～60℃反应，苯环上的氢原子被硝基（—NO_2）取代，生成硝基苯，这类反应叫做硝化反应：

$$C_6H_6 + HNO_3 \xrightarrow[50\sim60℃]{浓\ H_2SO_4} C_6H_5NO_2 + H_2O$$

硝基苯

在较高温度下，硝基苯继续与混酸作用，主要生成间二硝基苯：

$$C_6H_5NO_2 + HNO_3(\text{发烟}) \xrightarrow[95\sim100℃]{\text{浓 } H_2SO_4} m\text{-}C_6H_4(NO_2)_2 + H_2O$$

间二硝基苯

烷基苯比苯易于硝化，反应条件也较缓和，主要生成邻位和对位取代物。例如：

$$C_6H_5CH_3 + HNO_3 \xrightarrow[30℃]{\text{浓 } H_2SO_4} o\text{-}CH_3C_6H_4NO_2 + p\text{-}CH_3C_6H_4NO_2$$

邻硝基甲苯　对硝基甲苯

3. 磺化反应

苯与浓硫酸于 70～80℃ 反应，苯环上的氢原子被磺酸基（$—SO_3H$）取代，生成苯磺酸，这类反应叫做磺化反应：

$$C_6H_6 + H_2SO_4 \overset{70\sim80℃}{\rightleftharpoons} C_6H_5SO_3H + H_2O$$

苯磺酸

苯与发烟硫酸在室温下就可以反应，生成苯磺酸：

$$C_6H_6 + H_2SO_4 \cdot SO_3 \xrightarrow{25℃} C_6H_5SO_3H + H_2SO_4$$

在更高温度下，苯磺酸可继续发生磺化反应，生成间苯二磺酸：

$$C_6H_5SO_3H \xrightarrow[200\sim230℃]{H_2SO_4 \cdot SO_3} m\text{-}C_6H_4(SO_3H)_2$$

间苯二磺酸

苯磺酸极易吸潮，易溶于水，水溶液呈强酸性，其酸性强度和硫酸相当，苯磺酸在热水中易水解，所以生产和贮存时常以苯磺酸钠形式存在。

磺化反应是可逆反应，如将苯磺酸与稀硫酸共热到 150～200℃，或在磺化反应的混合物中通入过热水蒸气，可以使苯磺酸失去磺酸基变成苯。

4. 傅列德尔-克拉夫茨（Friedel-Crafts）反应

此反应简称为傅-克反应，包括烷基化和酰基化两种反应。

（1）烷基化反应

在无水氯化铝催化下，苯与卤代烷、醇和烯烃等试剂作用，苯环上的氢原子被烷基取代生成烷基苯，这种反应称烷基化反应。例如：

$$C_6H_6 + CH_3CH_2Cl \xrightarrow{AlCl_3} C_6H_5CH_2CH_3 + HCl$$

乙苯

$$C_6H_6 + CH_3CH{=}CH_2 \xrightarrow{\text{无水 } AlCl_3} C_6H_5CH(CH_3)CH_3 + HCl$$

异丙苯

除三氯化铝外，也可用氯化铁、氯化锌、三氟化硼、硫酸和磷酸等作催化剂。凡在反应中能提供烷基的试剂，称为烷基化剂。常用的烷基化剂为卤代烷、烯烃和醇。

烷基化反应的特点：当苯环上引入一个烷基后，反应可继续进行，往往生成多烷基取代物；当烷基化剂含有三个或三个以上直链碳原子时，产物则发生碳链异构现象。例如，溴代正丙烷与苯反应得到的主要产物是异丙苯：

$$C_6H_6 + CH_3CH_2CH_2Br \xrightarrow{AlCl_3} C_6H_5CH(CH_3)_2 + C_6H_5CH_2CH_2CH_3$$

异丙苯　　丙苯

烷基化反应还可用来定性鉴定芳烃。氯仿在无水氯化铝存在下与芳烃显色。不同芳烃显示出不同的颜色，苯显橙色，萘显蓝色，菲显紫色，蒽显绿色。

(2) 酰基化反应

在无水氯化铝作用下，苯与酰卤或酸酐作用，苯环上的氢原子被酰基取代生成芳酮，这种反应称酰基化反应。例如：

$$C_6H_6 + CH_3-\overset{O}{\overset{\|}{C}}-Cl \xrightarrow{无水\ AlCl_3} C_6H_5-\underset{O}{\underset{\|}{C}}-CH_3 + HCl$$

苯乙酮

$$C_6H_6 + (CH_3CO)_2O \xrightarrow{无水\ AlCl_3} C_6H_5-\underset{O}{\underset{\|}{C}}-CH_3 + CH_3COOH$$

酰基化反应中常用的催化剂与烷基化反应的催化剂相同。反应中提供酰基的试剂称酰基化剂。常用的酰基化剂是酰卤和酸酐。

酰基化反应与烷基化反应不同，既不发生异构化，也不生成多元取代物。因而要获得长侧链的烷基苯，可以通过先进行酰基化反应得到芳酮，然后再将酮的羰基还原成亚甲基。例如，由苯合成正丙苯，可以先由苯与丙酰氯反应制得苯丙酮，然后还原得正丙苯：

$$C_6H_6 + Cl-\overset{O}{\overset{\|}{C}}-CH_2CH_3 \xrightarrow{AlCl_3} C_6H_5-\overset{O}{\overset{\|}{C}}-CH_2-CH_3 + HCl$$

$$C_6H_5-\overset{O}{\overset{\|}{C}}-CH_2-CH_3 \xrightarrow[HCl]{Zn-Hg} C_6H_5-CH_2-CH_2-CH_3 + H_2O$$

当苯环上连有强吸电子的硝基、磺酸基、酰基和氰基等基团时，一般不发生傅-克反应。常用硝基苯作为傅-克反应的溶剂，因为苯和氯化铝都能溶于硝基苯。

二、加成反应

由于苯环的特殊稳定性，加成反应比较困难，必须在催化剂、高温、高压或光的作用下才可能进行。

1. 与氢加成

在催化剂 Pt、Pd、雷尼镍（Raney Ni）等作用下，苯环能与氢加成。例如：

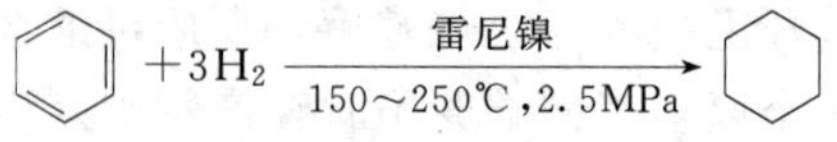

$$C_6H_6 + 3H_2 \xrightarrow[150\sim250℃,2.5MPa]{雷尼镍} C_6H_{12}$$

环己烷

这是环己烷的工业制法。

2. 与氯加成

在日光或紫外光照射下，苯能与氯加成，生成六氯环己烷（$C_6H_6Cl_6$），俗称六六六。六六六曾作为农药大量使用，由于残毒严重，现已被淘汰。反应方程式如下：

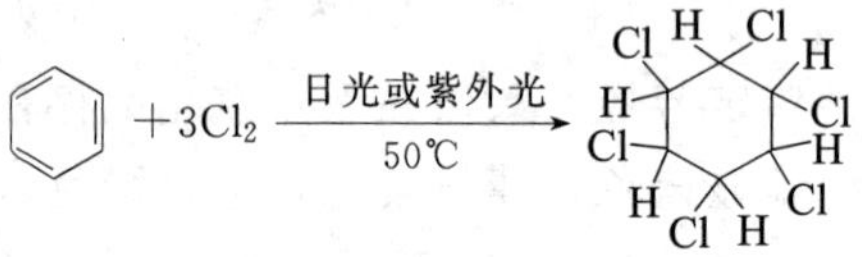

$$C_6H_6 + 3Cl_2 \xrightarrow[50℃]{日光或紫外光} C_6H_6Cl_6$$

三、氧化反应

苯环很稳定不易被氧化，只是在催化剂存在下，高温时苯才会氧化开环，生成顺丁烯二酸酐：

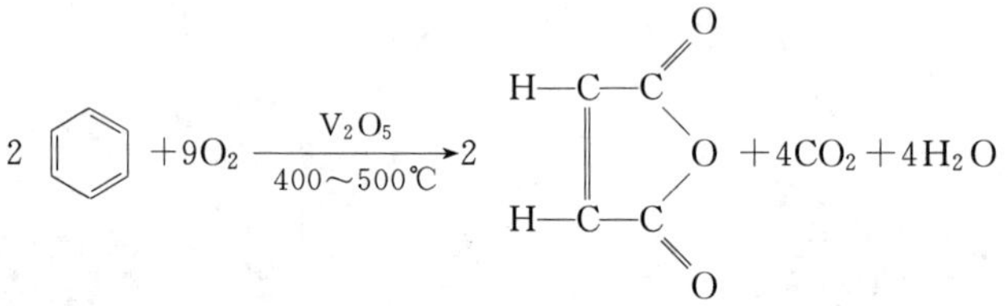

$$2C_6H_6 + 9O_2 \xrightarrow[400\sim500℃]{V_2O_5} 2\,C_4H_2O_3 + 4CO_2 + 4H_2O$$

这是顺丁烯二酸酐的一种工业制法。

四、芳烃侧链上的反应

1. 卤代反应

在加热或日光照射下，烷基苯与卤素反应时，α-碳原子上的氢被卤素取代，例如甲苯与氯反应：

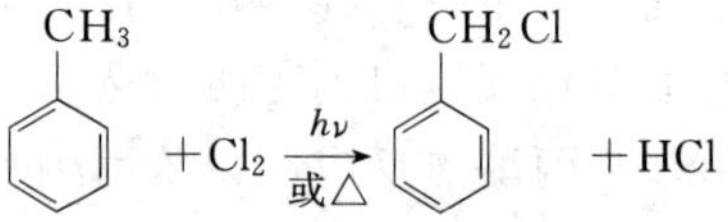

$$C_6H_5CH_3 + Cl_2 \xrightarrow[或\triangle]{h\nu} C_6H_5CH_2Cl + HCl$$

生成的苄氯可以继续氯化，生成苯二氯甲烷和苯三氯甲烷：

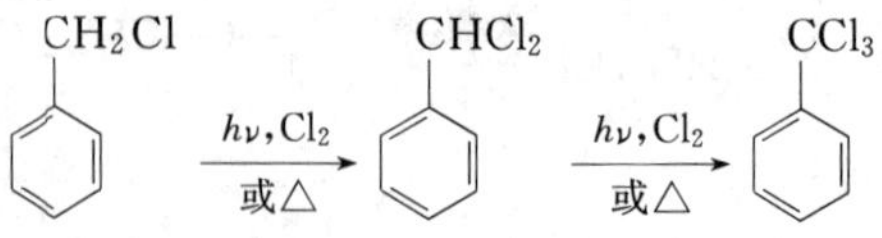

$$C_6H_5CH_2Cl \xrightarrow[或\triangle]{h\nu,Cl_2} C_6H_5CHCl_2 \xrightarrow[或\triangle]{h\nu,Cl_2} C_6H_5CCl_3$$

控制氯的用量可以使反应停止在某一阶段。

烷基苯与溴也可以发生侧链溴化。溴化剂常用 *N*-溴代丁二酰亚胺（NBS）：

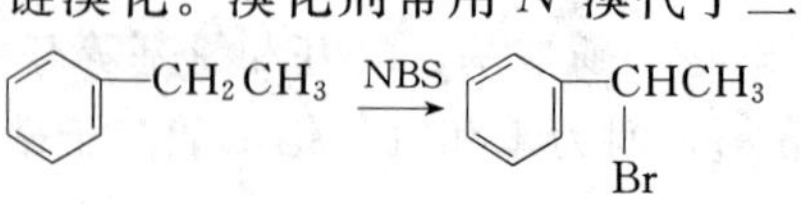

$$C_6H_5CH_2CH_3 \xrightarrow{NBS} C_6H_5CH(Br)CH_3$$

2. 氧化反应

烷基苯比苯容易氧化，氧化一般发生在侧链上。只要苯环侧链上有 α-H，不管碳连有多长，最后的产物一般是苯甲酸。例如：

$$\text{C}_6\text{H}_5\text{-CH}_3 \xrightarrow[\text{或 } K_2Cr_2O_7\text{-稀 } H_2SO_4, \triangle]{KMnO_4, OH^-, \triangle} \text{C}_6\text{H}_5\text{-COOH}$$

苯甲酸

$$\text{C}_6\text{H}_5\text{-CH}_2R \xrightarrow[\text{或 } K_2Cr_2O_7\text{-稀 } H_2SO_4, \triangle]{KMnO_4, OH^-, \triangle} \text{C}_6\text{H}_5\text{-COOH}$$

当含 α-H 的侧链互为邻位时，气相高温催化氧化的产物则是酸酐。例如：

$$o\text{-C}_6\text{H}_4(\text{CH}_3)_2 + 3O_2 \xrightarrow[350\sim400℃]{V_2O_5\text{-}TiO_2} \text{C}_6\text{H}_4(\text{CO})_2\text{O} + 3H_2O$$

这是邻苯二甲酸酐的一个工业制法。

若无 α-H，如叔丁苯，一般不能被氧化。例如：

$$p\text{-CH}_3\text{-C}_6\text{H}_4\text{-C(CH}_3)_3 \xrightarrow[H^+]{KMnO_4} p\text{-HOOC-C}_6\text{H}_4\text{-C(CH}_3)_3$$

侧链的氧化反应可以用来制备芳酸，也可用来鉴别烷基苯。

阅读材料 1 苯的用途及其对人体的危害

1. 苯的主要用途

我国纯苯消费结构如下：27.25%用于合成苯乙烯，聚酰胺树脂（环己烷）约占 12.65%，苯酚约占 11.37%，氯化苯约占 10.98%，硝基苯约占 9.8%，烷基苯约占 7.84%，农用化学品约占 5.56%，顺酐约占 4.71%，其他医药、轻工及橡胶制品业等约占 9.84%。

苯乙烯是纯苯最主要的消费用途，生产能力为 70 万～100 万吨/年。环己烷是仅次于苯乙烯的纯苯消费产品，主要用于生产尼龙 6 和尼龙 66 等产品，国内产能达到 30 万～45 万吨/年。苯酚是消耗纯苯较多的化工产品之一，我国苯酚的需求以年均约 6%的速度增长。氯化苯的产量约为 20 万吨/年，对纯苯的需求量将以年均 3%的速度增长。硝基苯的产量约为 25 万吨/年，预计近期内对纯苯的需求将以每年 5%的速度增长。烷基苯的产量约为 35 万吨/年，预计近几年对纯苯的需求会以年均 5%的速度增长。顺酐的产量增长很快，1990 年顺酐产量仅为 1.98 万吨，目前产量约为 7.8 万吨/年，其对纯苯的年需求增长率估计将达到 7%。

86%的苯用于制造苯乙烯、苯酚、环乙烷和其他有机物。剩余部分主要用于制造洗涤剂、杀虫剂和涂料清除剂。苯可作为汽油一种成分，含量＜2%。另外，包装印刷行业目前广泛使用的油墨以苯、乙醚之类的有毒有机试剂为溶剂，油墨中有机溶剂含量一般为 30%～70%，这不仅导致印刷车间内存在易燃、易爆的危险隐患，而且这类溶剂在印刷过程中全部挥发，严重污染车间及大气环境，对印刷操作工人及周围居民的健康构成威胁。据统计，1997 年我国油墨消耗量为 14.3 万吨，也就是说，目前仅油墨一项，一年中向大气中释放的苯、醚、醇等有毒物质就高达 5 万吨以上。

2. 苯对人体的危害

“苯”，俗称天那水，是一种具有特殊芳香气味的无色透明液体，易挥发、易燃，蒸气有爆炸性，常温下挥发很快。短时间内吸入高浓度苯蒸气可发生急性苯中毒，出现兴奋或酒醉感，伴有黏膜刺激症状。轻则头晕、头痛、恶心、呕吐、步态不稳；重则昏迷、抽搐及循环衰竭直至死亡；短期内吸入较高浓度苯后可发生亚急性苯中毒，出现头昏、头痛、乏力、失眠、月经紊乱等症状，并可发生再生障碍性贫血、急性白血病，表现为迅速发展的贫血、出血、感染等。苯中毒对身体的危害归结为3种：致癌、致残、致畸胎。

阅读材料2 香 料

天然香料是从芳香植物的叶、茎、干、树皮、花、果、籽和根等或泌香动物的分泌物等提取的有一定挥发性、成分复杂的芳香物质，如薄荷、柏木、桂皮、香根、山苍子、茉莉浸膏、白兰浸膏等。国际上常用的天然香料有200～300种，中国生产约100种以上，其中小花茉莉、白兰、树兰等是中国的独特产品。

合成香料包括全合成香料、半合成香料和单离香料，如香豆素、苯乙醇、柠檬醛等。常用的合成香料品种不少于2000种，中国合成香料大小产品共600余种，其中香兰素、香豆素、苯乙醇、洋茉莉醛和人造檀香等在国际市场上已有相当声誉。

香料起源于帕米尔高原，它与宗教发祥有着密切的关系，神徒们通过熏香的仪式呼吸这些芬芳，使自己能够更加接近神灵。而帕米尔高原是古代丝绸之路的必经之地，位于中亚东南部、中国的西部，地跨塔吉克斯坦、中国和阿富汗地区。由此可见，古代的四大文明古国都是最早应用香料的国家。

香料，特别是像沉香、檀香这样的香料，用于熏焚时产生出来的香气不仅芳馨幽雅，对人体的健康也是很有帮助的，它可以起到提神醒脑、舒缓情绪、祛除烦恼、理畅呼吸、辅助睡眠、调节内分泌等诸多养生保健的功效。古人常以此作为修身养性、保健养生的好伴侣。另外，熏香用于家居生活，可以有效地杀灭房间里的霉菌，起到驱秽避邪、净化空气的效果，这也正是皇宫里常以熏香来预防瘟疫的一部分原因。

香精香料是伴随着现代工业发展而出现的集“高、精、新”技术于一身的产物，其已被广泛使用于食品、日化、烟草、医药等行业，与人们的日常生活息息相关。随着国民经济的高速发展，人民生活水平不断提高，传统生活消费已不能满足消费者日益增长的消费需求。消费者的多样化需求拉动了社会对食品、化妆品、香烟、医疗等快速消费品的增长，相应地带动了香精香料行业的快速发展。2001年，我国香精香料行业销售收入还只有约87亿元，到2011年已达到470亿元，11年间增长4.42倍。

经过多年的快速发展，我国香精香料行业逐步完成了从小作坊式生产到工业化生产、从产品仿制到自主研发、从进口设备到专业设备的自主设计制造、从感官评价到使用高精仪器检测、从技术人员的引进到专业人才的自主培养、从野生资源采集到引种栽培和建立基地等多方面的转变，国内香精香料制造行业已发展成一个较完整的工业体系，并涌现出一批能够直接参与国际市场竞争的行业内领先企业。

本章小结

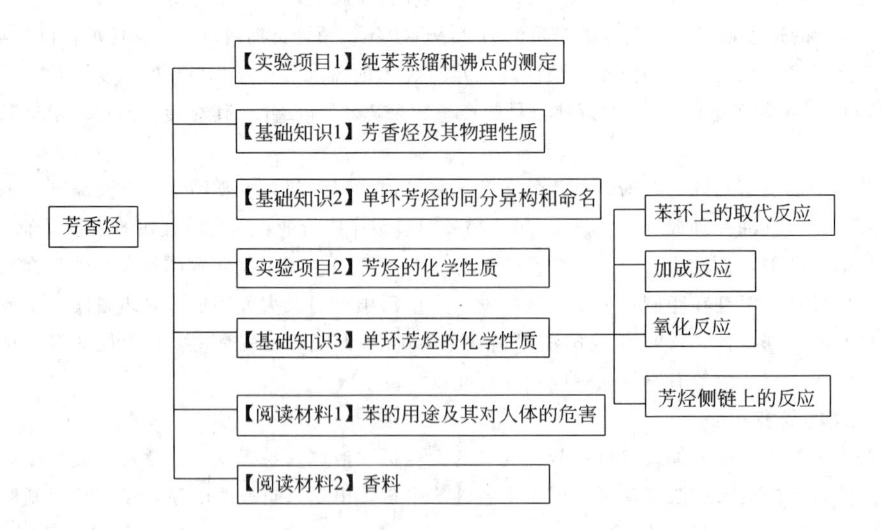

课后习题

1. 选择题

(1) 可用 $KMnO_4$ 稀溶液作为检验试剂的一组化合物为（　　）。

A. 乙烷、丙烷　　B. 乙烯、丙烯　　C. 苯、甲苯

(2) 在紫外线或光照条件下苯与氯气的反应是（　　）。

A. 取代反应　　B. 加成反应　　C. 氧化反应　　D. α-氢的卤代

(3) 下列芳基的名称为苄基的是（　　）。

A. 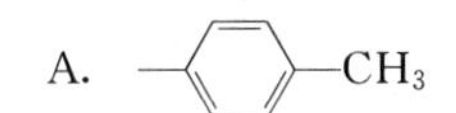　　B. —CH_3　　C. —CH_3　　D. 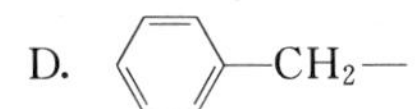

2. 判断题

(1) 苯及其低级同系物具有特殊香味，无毒，不易溶于水，易溶于有机溶剂。（　　）

(2) 六六六曾作为农药大量使用，但由于其不稳定，现已被淘汰。（　　）

(3) 稠环芳烃是分子中含有两个或两个以上苯环，彼此通过共用相邻的两个碳原子稠合而成的芳烃。（　　）

(4) 烷基苯比苯容易氧化，氧化一般发生在侧链上。（　　）

(5) 芳烃分子去掉一个氢原子后剩下的原子团称为芳基。（　　）

3. 怎样用化学方法区别苯、甲苯、环己烯？

4. 某化合物分子式为 C_9H_{10}，常温下能迅速使溴的四氯化碳溶液和稀的高锰酸钾溶液褪色，催化氢化可吸收 4mol H_2，强烈氧化可生成邻苯二甲酸。试推断该化合物的构造式，写出溴化、氢化及氧化的化学方程式。

卤 代 烃

1. 了解卤代烃的概念、分类和物理通性
2. 掌握溴乙烷水解反应、消去反应的本质和区别

能力目标

1. 学会制取正溴丁烷
2. 掌握溴乙烷水解、消去反应实验
3. 提高小组成员间的团队协作能力
4. 培养学生的动手能力和安全生产的意识

生活常识 氟 里 昂

氟里昂是多种含氟、含氯烷烃衍生物的总称，可简写为CFC。它们无色、无臭、无毒，易挥发，化学性质极其稳定，被大量用于冷冻剂和烟雾分散剂等。由于它无毒，原以为是安全的，不料问题却发生在另一方面。由于氟里昂性质稳定，它在大气中既不发生变化，也难被雨雪消除。其蒸气累积滞留在大气中，每年逸散到大气中的CFC达70万吨，使它在大气中的含量每年递增约5%。其主要降解途径是随气流上升，在平流层中受紫外光的作用而分解。但不幸的是CFC分解而生成的氯原子能引起损耗臭氧的反应，进而破坏平流层中的臭氧层。正是由于这一原因，氟里昂才被认定为大气污染物。

正溴丁烷的制备

【任务描述】

（1）了解以正丁醇、溴化钠和浓硫酸为原料制备正溴丁烷的基本原理和制备方法 。

(2) 掌握带有害气体吸收装置的操作。

(3) 进一步熟悉巩固洗涤、干燥和蒸馏操作。

【教学器材】

圆底烧瓶、球形冷凝管、温度计、直形冷凝管、玻璃漏斗、分液漏斗、应接管、蒸馏头、烧杯、锥形瓶、电热套。

【教学药品】

正丁醇、无水溴化钠、浓硫酸（相对密度为1.84)、碳酸钠溶液（10%)、无水氯化钙、沸石。

【组织形式】

每三个同学为一实验小组，根据老师给出的引导步骤，自行完成实验。

【注意事项】

(1) 如不充分摇动并冷却至室温，加入溴化钠之后，会和浓硫酸反应生成溴，使溶液变成红色，影响产品的纯度和产率。

(2) 正溴丁烷是否蒸完，可从下面三个方面判断：①馏出液是否由浑浊变至澄清；②蒸馏烧瓶中上层油层是否消失；③取一支试管收集几滴馏出液，加入少量水，无油珠出现，则表示有机物已被蒸完。

(3) 用水洗涤后馏出液如有红色，是因为溴化钠被硫酸氧化生成溴的缘故，可以加入10～15mL饱和亚硫酸氢钠溶液将之除去。

(4) 浓硫酸可溶解少量的未反应的正丁醇和副产物丁醚等杂质，使用干燥分液漏斗的目的是防止漏斗中残余的水分稀释浓硫酸而降低洗涤效果。残余的正丁醇和正溴丁烷可形成共沸物（沸点98.6℃，含正丁醇13%）而难以除去。

【实验步骤】

(1) 在100mL圆底烧瓶中，放入15mL水，慢慢地加入15mL浓硫酸，混合均匀并冷却至室温。然后加入10mL正丁醇、12.5g研细的无水溴化钠，充分振荡，投入几粒沸石。装上球形冷凝管及气体吸收装置（见图5-1)。用电热套加热，缓慢升温，使反应呈微沸，并经常振摇烧瓶，回流约1h。

(2) 冷却后，改为蒸馏装置（见图5-2)，添加沸石，加热蒸馏至无油滴落下为止（具体操作见第六章实验项目1)，烧瓶中的残液趁热倒入废液缸中，防止硫酸氢钠冷却后结块，不易倒出。

(3) 将蒸出的粗正溴丁烷转入分液漏斗，用15mL水洗涤，小心地将下层粗产品转入另一干燥的分液漏斗中，用5mL浓硫酸洗涤。仔细分去下层酸液，有机层依次用水、碳酸钠溶液和水各10mL洗涤，将下层产品放入干燥的小锥形瓶中。

(4) 加入2g无水氯化钙干燥，配上塞子，充分摇动至液体澄清，静置30min后，将液体倒出。

【任务解析】

1. 正溴丁烷的制备

醇和氢卤酸的反应是一个可逆反应。为了使反应平衡向右方向移动，可以增加醇或氢卤酸的浓度，也可以设法不断地除去生成的卤代烷或者水，或两者并用。在制备正溴丁烷时，

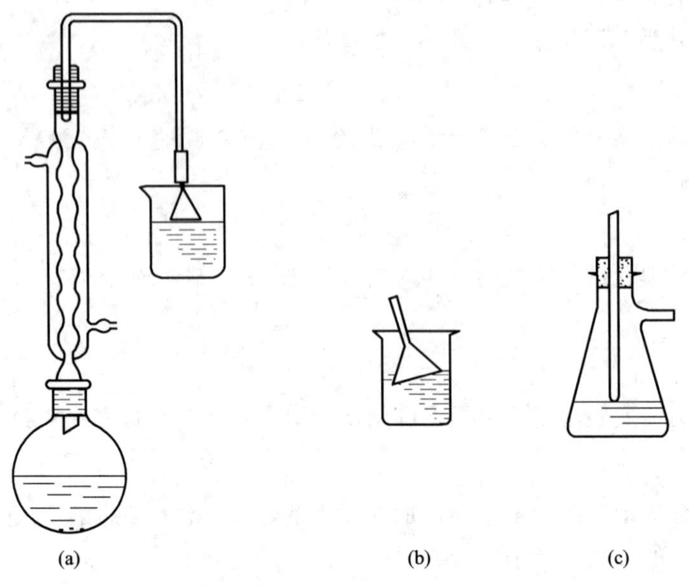

图 5-1 带有气体吸收的回流装置

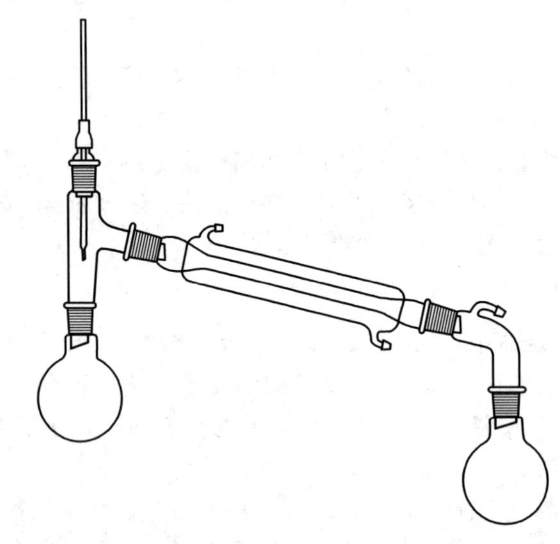

图 5-2 蒸馏装置

采用溴化钠-硫酸法制备。

主要反应：

$$NaBr + H_2SO_4 \longrightarrow HBr + NaHSO_4$$

$$CH_3CH_2CH_2CH_2OH + HBr \xrightleftharpoons{H^+} CH_3CH_2CH_2CH_2Br + H_2O$$

副反应：

$$CH_3CH_2CH_2CH_2OH \xrightarrow[\triangle]{H_2SO_4} CH_3CH_2CH{=}CH_2 + H_2O$$

$$2CH_3CH_2CH_2CH_2OH \xrightarrow[\triangle]{H_2SO_4} CH_3CH_2CH_2CH_2OCH_2CH_2CH_2CH_3 + H_2O$$

$$2HBr + H_2SO_4 \xrightarrow[\triangle]{} Br_2 + SO_2\uparrow + 2H_2O$$

2. 正溴丁烷的物理性质

纯正溴丁烷为无色透明液体，沸点为101.6℃，$d_4^{20}=1.2758$，$n_D^{20}=1.4401$。

【想一想】 取少量正溴丁烷，然后加入硝酸银，分层后无明显现象，为什么？如何鉴定溴离子呢？

基础知识1 卤代烷烃的物理性质

常温常压下，除了个别卤代烷烃，如氯甲烷、氯乙烷、溴甲烷是气体外，一般卤代烷烃大多数为液体。纯净的卤代烷烃是无色的，但是溴代烷烃和碘代烷烃在光照或长期放置时，会缓慢分解产生溴和碘而带有颜色。一卤代烷烃具有不愉快的气味，其蒸气有毒！

卤代烷烃的沸点随着相对分子质量的增大而升高。分子式相同而结构不同的卤代烷烃中，直链卤代烷烃的沸点最高，支链越多，沸点越低；卤原子相同，随着烃基部分碳原子数目的增加，沸点升高；卤原子不同、烷基相同的卤代烃中，随着卤原子相对原子质量的增大，沸点逐渐升高，因此氟代烷烃的沸点最低，碘代烷烃的沸点最高。

一卤代烷烃的相对密度大于含碳原子数相同的烷烃。一氟代烷烃、一氯代烷烃的相对密度小于1，一溴代烷烃、一碘代烷烃和多卤代烷烃的相对密度大于1。烷基相同的卤代烷烃中，氟代烷烃的相对密度最低，碘代烷烃的相对密度最高。卤原子相同的卤代烷烃的相对密度随着烷基碳原子数目的增加而降低，这是由于卤原子在分子中所占比例（质量）逐渐减小。

卤代烷烃不溶于水，溶于弱极性或非极性的乙醚、苯或烃等有机溶剂。某些卤代烷烃本身是很好的溶剂，如二氯甲烷、氯仿、四氯化碳等，通常用来从水中提取有机物。随着卤原子数目的增多，卤代烷烃的可燃性降低，如CCl_4常被用作灭火剂。表5-1给出了常见卤代烷烃的一些物理常数。

表5-1 常见卤代烷烃的一些物理常数

物理常数 / 烷基或卤代烷烃	—Cl			—Br			—I		
	沸点/℃	熔点/℃	相对密度	沸点/℃	熔点/℃	相对密度	沸点/℃	熔点/℃	相对密度
CH_3—	−24	−97	0.920	3.5	−93	1.732	42	−66	2.279
CH_3CH_2—	12.3	−139	0.898	38.4	−119	1.460	72.3	−111	1.936
$CH_3CH_2CH_2$—	46.6	−123	0.891	70.8	−110	1.35	102	−98	1.74
$(CH_3)_2CH$—	35.7	−117	0.862	59.4	−90	1.31	89.4	−90	1.70
$CH_3CH_2CH_2CH$—	78.5	−123	0.886	101.6	−112.4	1.276	130.5	−103	1.615
$CH_3CH_2CH(CH_3)$—	68.3	−131.3	0.873	91.2	−111.9	1.259	120	−104	1.592
$(CH_3)_2CHCH_2$—	69	−131	0.87	91	−119	1.26	119	−93	1.60
$(CH_3)_3C$—	52		0.842	73.3	−16.3	1.22	100	−34	1.545
二卤甲烷	40	−96	1.335	97	−52.7	2.492	181	6	3.325
三氯甲烷	62	−64	1.489	149.5	6.7	2.890	升华	123	4.008
四氯化碳	77	−23	1.594	189.5		3.27	升华	168	4.50
1,2-二卤乙烷	83.5	−35.7	1.256	131	9.3	2.180	分解	83	2.13

实验项目2 溴乙烷中溴离子的鉴定1

【任务描述】

实验室内溴乙烷的取代反应。

【教学器材】

试管、胶头滴管。

【教学药品】

溴乙烷（分析纯）、氢氧化钠（分析纯）、硝酸、硝酸银。

【组织形式】

每三个同学为一实验小组，根据老师给出的引导步骤，自行完成实验。

【注意事项】

注意碱液和酸液的使用。

【实验步骤】

向试管中加入约2mL溴乙烷，再加入约2mL 5%的NaOH溶液，振荡，水浴加热片刻。待溶液分层后，用滴管吸取上层液体，移入另一盛有2mL稀硝酸溶液的试管中，并向其中加入2mL硝酸银溶液，观察现象（见图5-3）。

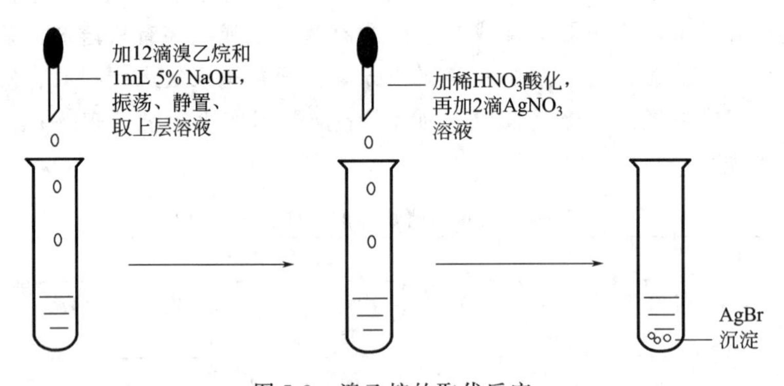

图5-3 溴乙烷的取代反应

【任务解析】

1. 实验现象

溶液中出现淡黄色沉淀。

2. 实验现象解析

在卤代烷烃的结构中，卤原子的电负性大于碳原子的电负性。一元卤代烷烃中的C—X键上的共用电子对偏向卤原子，偏离烷基碳原子，使其成为极性分子。卤代烷烃分子中的卤原子容易被其他的原子或基团取代，发生亲核取代反应。例如：

$$CH_3—CH_2Br + NaOH \xrightarrow{H_2O} CH_3—CH_2OH + NaBr$$

$$NaBr + AgNO_3 \longrightarrow NaNO_3 + AgBr\downarrow$$

【想一想】 检验溴离子时，为什么要加入稀硝酸酸化溶液呢？

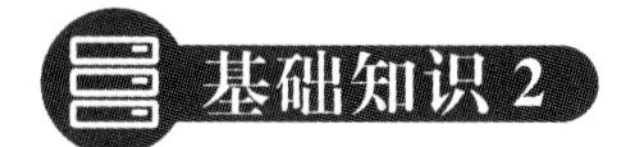

卤代烃的取代反应

一、水解反应

伯卤代烷烃与水作用，卤原子被—OH 取代，生成醇。此反应可逆，为了增大反应的速率，提高水解产率，加入 NaOH 中和反应生成的 HX。例如：

$$CH_3—CH_2—CH_2Br + NaOH \xrightarrow[\text{回流}]{H_2O} CH_3—CH_2—CH_2OH + NaBr$$

二、氰解反应

在水-乙醇溶剂中，NaCN 完全电离，带负电荷的—CN 进攻伯卤代烷烃分子中带部分正电荷的烃基，将卤原子取代，生成氰化物。例如：

$$CH_3—CH_2—CH_2Br + NaCN \xrightarrow{\text{水-乙醇}} CH_3—CH_2—CH_2CN + NaBr$$

伯卤代烷烃和氰化钠反应生成氰化物时，分子中同时增加了一个碳原子。这是有机合成中用来增长碳链的方法之一。由于—CN 在酸性条件下水解生成—COOH、加氢还原成—CH_2NH_2 等，因此通过伯卤代烷烃可以制备羧酸（R—COOH）、胺（R—NH_2）等。

三、醇解反应

伯卤代烷烃与醇钠作用，醇钠电离出的烷氧基（RO—）将伯卤代烷中的卤原子取代，生成醚。例如：

$$CH_3—CH_2—CH_2Br + CH_3—CH_2—ONa \xrightarrow[\text{回流}]{\text{乙醇}} CH_3—CH_2—CH_2—O—CH_2CH_3 + NaBr$$

四、氨解反应

NH_3 分子中的 N 原子上带有孤电子对，具有亲核性。氨气带着孤对电子进攻带部分正电荷的伯卤代烷的烃基部分，分子间脱去一分子 HX，生成伯胺。过量的氨气将生成的 HX 中和。例如：

$$CH_3CH_2CH_2CH_2\text{—}\boxed{Br + H}\text{—}NH_2 \longrightarrow CH_3CH_2CH_2CH_2NH_2 + NH_4Br$$

过量

叔卤代烷烃在上述条件下更有利于发生消除反应，消去一分子卤化氢生成烯烃。例如，叔戊基氯分别与 NaOH、RONa、NaCN 或 NH_3 反应，均消除一分子的 HCl 生成异戊烯：

$$CH_3—CH_2—C(CH_3)_2—Cl \xrightarrow[\text{或 NaCN 或 } NH_3]{\text{NaOH 或 RONa}} CH_3—C(CH_3){=}CH—CH_3 + HCl$$

五、与硝酸银的乙醇溶液反应

卤代烷与硝酸银的乙醇溶液反应生成卤化银沉淀。反应时卤代烷烃要发生 C—X 键的断裂，生成碳正离子 R^+ 和卤素负离子 X^-，离解的速率决定整个反应的快慢。对于烷基不同的卤代烷烃，其反应速率主要与离解生成的碳正离子的稳定性有关。例如：

$$R-X+Ag^+[^-O-NO_2]\xrightarrow{乙醇}R-ONO_2+AgX\downarrow (X=Cl、Br 或 I)$$

卤代烷烃的活性顺序为：

叔卤代烷烃>仲卤代烷烃>伯卤代烷烃

叔卤代烷烃和硝酸银的乙醇溶液一般立即反应生成沉淀；而伯卤代烷烃的反应最慢，需要在加热条件下才能进行。这个反应可以用于卤代烷烃的分析鉴定。

六、与碘化钠的丙酮溶液反应

由于氯化钠和溴化钠不溶于丙酮，而碘化钠易溶于丙酮，所以在丙酮中氯代烷烃和溴代烷烃与碘化钠反应分别生成氯化钠和溴化钠沉淀：

$$R-X+NaI\xrightarrow{丙酮}R-I+NaX\downarrow (X=Cl 或 Br)$$

氯代烷烃或溴代烷烃的活性顺序为：

伯卤代烷烃>仲卤代烷烃>叔卤代烷烃

这个反应除了在实验室制备碘代烷外，在有机分析上还可用来检验氯代烷烃和溴代烷烃。

【想一想】 如果将上述水解反应中的 NaOH 水溶液换成 NaOH 的醇溶液，会有什么现象呢？

实验项目3 溴乙烷中溴离子的鉴定2

【任务描述】

实验室内溴乙烷的消除反应实验。

【教学器材】

圆底烧瓶（100mL）、球形冷凝管、铁夹、硬质玻璃管、小试管、玻璃导管、橡胶导管、单孔胶塞、多孔胶塞、酒精灯、铁架台。

【教学药品】

溴乙烷（分析纯）、氢氧化钠的醇溶液（分析纯）、乙醇（分析纯）、高锰酸钾酸性溶液。

【组织形式】

每三个同学为一实验小组，根据老师给出的引导步骤，自行完成实验。

【实验步骤】

按图5-4组装实验装置，向圆底烧瓶中加入适量10%的 NaOH 醇溶液，再加入约2mL溴乙烷，振荡，加热。将生成的气体通过装有蒸馏水的试管后再通入装有高锰酸钾酸性溶液的试管中，观察现象。

【任务解析】

1. 实验现象

装有蒸馏水的试管中有气泡产生，高锰酸钾酸性溶液的紫红色褪去。

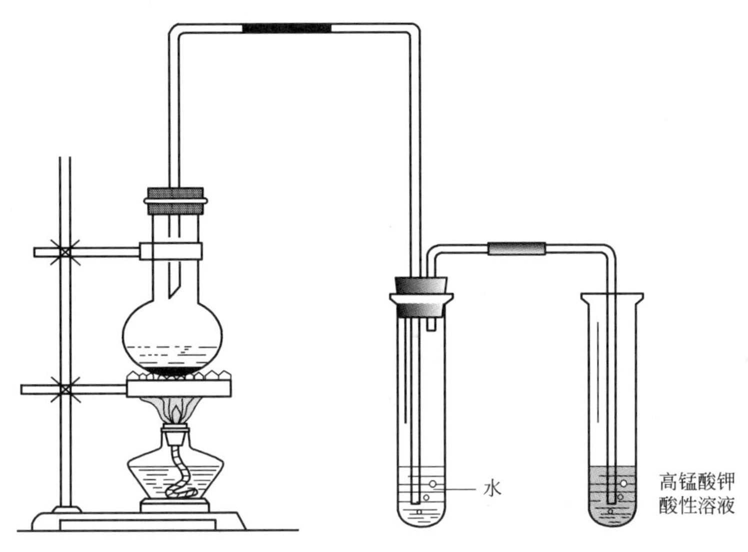

图 5-4　溴乙烷的消除反应装置

2. 溴乙烷的消除反应

$$\underset{\boxed{H}}{CH_2}-\underset{\boxed{Br}}{CH_2} + NaOH \xrightarrow[\triangle]{醇} CH_2=CH_2 + NaBr + H_2O$$

注意：检验乙烯气体时，要在气体通入酸性高锰酸钾溶液前加一个盛有水的试管，因为乙醇也能使 $KMnO_4$ 酸性溶液褪色。乙烯气体还可通入溴水检验，此时不需要把气体先通入水中，因为乙醇不会使溴水褪色。

基础知识 3　卤代烷烃的消除反应

伯卤代烷烃与强碱（氢氧化钠或氢氧化钾）的稀水溶液共热时，强碱完全电离，主要发生取代反应生成醇。例如：

$$CH_3-CH_2-\underset{}{\overset{Br}{\overset{|}{CH_2}}} + NaOH \xrightarrow{H_2O} CH_3-CH_2-\overset{OH}{\overset{|}{CH_2}} + NaBr$$

而卤代烷（例如 $CH_3C\overset{\beta}{H_2}C\overset{\alpha}{H_2}-Br$）分子中，$\beta$-氢原子带有一定的酸性，因而在强碱的作用下易于消除 β-氢原子和卤原子而生成烯烃。

卤代烷烃在强碱的醇溶液中发生消去反应的速率大小顺序为：

叔卤代烷烃＞仲卤代烷烃＞伯卤代烷烃

仲卤代烷和叔卤代烷在脱卤化氢时，有可能得到两种不同的消除产物。例如：

$$CH_3-CH_2-\underset{Br}{\underset{|}{\overset{CH_3}{\overset{|}{C}}}}-CH_3 \xrightarrow[\triangle]{KOH,乙醇} \underset{71\%}{CH_3-CH=\overset{CH_3}{\overset{|}{C}}-CH_3} + \underset{29\%}{CH_3-CH_2-\overset{CH_3}{\overset{|}{C}}=CH_2}$$

$$CH_3-CH_2-\underset{\displaystyle Br}{\underset{|}{CH}}-CH_3 \xrightarrow[\triangle]{KOH,乙醇} \underset{2-丁烯(81\%)}{CH_3-CH=CH-CH_3} + \underset{1-丁烯(19\%)}{CH_3-CH_2-CH=CH_2}$$

实验证明，卤代烷烃消除卤化氢时，氢原子是从含氢较少的β-碳原子上脱除的。这个经验规律称为扎依采夫（A. M. Saytzeff）规则。

【练一练】 完成下列表格。

项　目	取代反应	消除反应
反应物	CH_3CH_2Br	CH_3CH_2Br
反应条件	NaOH 水溶液，加热	NaOH 醇溶液，加热
生成物		
结论		

基础知识 4 与金属镁的反应——格利雅试剂的生成

一元卤代烷烃是极性化合物，能与多种金属如 Mg、Li、Al 等在无水干醚作用下反应生成的金属有机化合物（含有金属-碳键的化合物），称为格利雅（V. Grignarde）试剂（$\overset{\delta^-}{R}-\overset{\delta^+}{Mg}X$），简称“格氏试剂”：

$$R-X+Mg \xrightarrow[回流]{干醚} \underset{烷基卤化镁}{R-Mg-X}$$

制备格氏试剂时，卤代烷烃的活性顺序是：碘代烷烃>溴代烷烃>氯代烷烃。碘代烷烃太贵，氯代烷烃的活性较小，因此，在实验室里一般采用溴代烷烃来制备格利雅试剂。

从活性较小的卤代烃（例如 $CH_2=CH-Br$）制备格式试剂时，则需要在环醚四氢呋喃（缩写为 THF）中进行：

$$CH_2=CH-Br+Mg \xrightarrow[回流]{无水\ THF} \underset{乙烯基型格氏试剂}{CH_2=CH-MgCl}$$

格利雅试剂的性质与无机碱的性质相似，金属-碳键具有较大的离子性。烷基负离子（R：$^-$）的 $pK_b \approx -28$，碱性极强，因此是一个很好的亲核试剂，它可以从酸、水、醇，甚至氨气中夺得氢离子，分解为烷烃。例如：

$$CH_3CH_2-MgBr+HCl \longrightarrow CH_3CH_3+Mg\begin{matrix}\diagup Br\\ \diagdown Cl\end{matrix}$$

$$CH_3CH_2-MgBr+H-OH \longrightarrow CH_3CH_3+Mg\begin{matrix}\diagup Br\\ \diagdown OH\end{matrix}$$

$$CH_3CH_2—MgBr+CH_3—O—H \longrightarrow CH_3CH_3+Mg\begin{matrix}Br\\OCH_3\end{matrix}$$

$$CH_3CH_2—MgBr+NH_2—H \longrightarrow CH_3CH_3+Mg\begin{matrix}Br\\NH_2\end{matrix}$$

由上述反应可以看出，格利雅试剂很容易被水、醇等含活泼氢的化合物所分解。因此制备格利雅试剂时必须不能存在水、二氧化碳、酸、醇、氨等物质，通常用不含水或醇的干醚作溶剂。

格利雅试剂 R—MgX 还可以与末端炔烃反应，生成乙炔型格利雅试剂：

$$R—MgX + R'—C\equiv C—H \xrightarrow{\text{干醚}} R'—C\equiv C—MgX + R—H$$

此外，格利雅试剂还可与氧气反应生成氧化产物；与二氧化碳反应可以制备比卤代烷烃分子中多一个碳原子的羧酸。例如：

$$R—MgX+O_2 \longrightarrow R—O—O—MgX \xrightarrow{R—MgX} 2R—O—MgX \xrightarrow{HOH} ROH+Mg(OH)Cl$$

$$R—MgX+CO_2 \longrightarrow RCOOMgX \xrightarrow{HOH} RCOOH$$

阅读材料 1 聚氯乙烯

聚氯乙烯是白色或淡黄色固体，简称 PVC，平均相对分子质量为 5 万～12 万。它是由氯乙烯在自由基引发剂（如偶氮二异丁腈、过氧化苯甲酰等）作用下聚合得到：

$$nCH_2=CHCl \xrightarrow[40\sim80℃,0.63\sim1.5MPa]{\text{偶氮二异丁腈}} \left[CH_2—\underset{\displaystyle Cl}{\underset{|}{CH}}\right]_n$$

聚氯乙烯比较坚硬，溶解性很差，在酯、酮、芳烃及氯代烃等少数溶剂中溶胀或溶解，其中在四氢呋喃和环己酮中的溶解度最好。可耐大多数无机酸（除发烟硫酸和浓硝酸外）、碱、盐、多数有机溶剂（如乙醇、汽油和矿物油），适宜用于化工防腐材料。具有良好的电绝缘性能和力学性能，可制成硬质塑料和软质塑料。硬质聚氯乙烯的力学性能比较好，可代替金属和木材制作各种管材、板材等建筑材料和丝类、注塑制品等日常生活和办公用品。

图 5-5 所示为聚氯乙烯上、下游产业链示意图。

聚氯乙烯的主要用途如下。

1. 聚氯乙烯异型材

型材、异型材是我国 PVC 消费量最大的领域，占到 PVC 总消费量的 25%左右，主要用于制作门窗和节能材料，目前其应用量在全国范围内仍有较大幅度增长。在发达国家，塑料门窗的市场占有率也是高居首位，如德国为 50%，法国为 56%，美国为 45%。

2. 聚氯乙烯管材

在众多的聚氯乙烯制品中，聚氯乙烯管材是它的第二大消费领域，约占其消费量的 20%。在我国，聚氯乙烯管较 PE 管和 PP 管开发早，品种多，性能优良，使用范围广，在市场上占有重要位置。

3. 聚氯乙烯膜

PVC 膜领域在 PVC 的消费中位居第三，占 10%左右。PVC 与添加剂混合、塑化后，利用三辊或四辊压延机制成规定厚度的透明或着色薄膜，用这种方法加工薄膜，称为压延薄膜。也可以通过剪裁，热合加工成为包装袋、雨衣、桌布、窗帘、充气玩具等。宽幅的透明薄膜可以供温室、塑料大棚及地膜之用。经

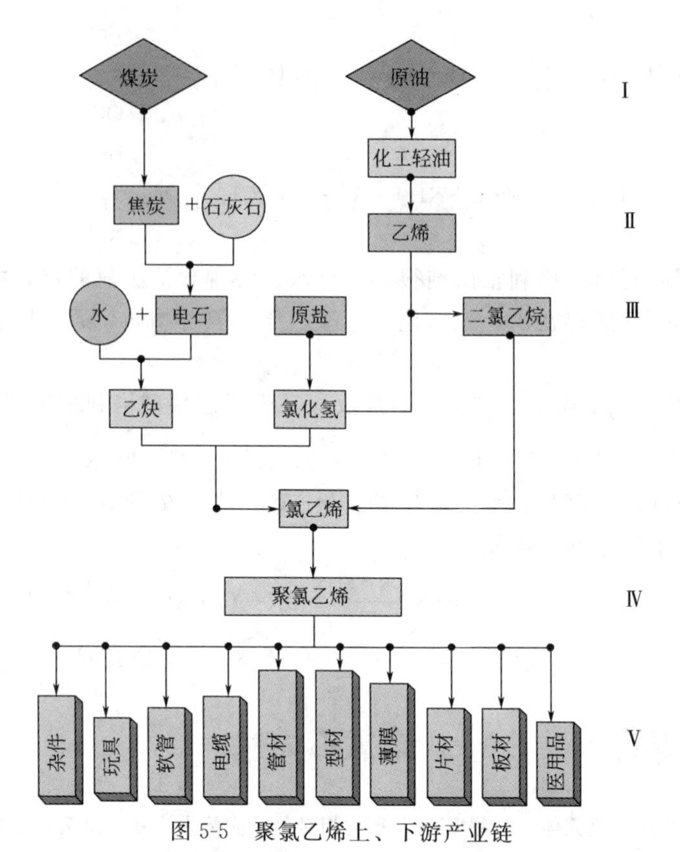

图 5-5 聚氯乙烯上、下游产业链

（①产业链层次：上游到下游依次为Ⅰ、Ⅱ、Ⅲ、Ⅳ和Ⅴ；②未完全框起的均为加工中间产品，很少贸易流通）

双向拉伸的薄膜，所受热收缩的特性，可用于收缩包装。

4. PVC 硬材和板材

PVC 中加入稳定剂、润滑剂和填料，经混炼后，用挤出机可挤出不同口径的硬管、异型管、波纹管，用作下水管、饮水管、电线套管或楼梯扶手。将压延好的薄片重叠热压，可制成各种厚度的硬质板材。板材可以切割成所需的形状，然后通过 PVC 焊条用热空气焊接成各种耐化学腐蚀的贮槽、风道及容器等。

5. PVC 一般软质品

利用挤出机可以挤成软管、电缆、电线等；利用注射成型机配合各种模具，可制成塑料凉鞋、玩具、拖鞋、鞋底、汽车配件等。

6. 聚氯乙烯包装材料

聚氯乙烯制品作为包装材料主要用于各种容器、薄膜及硬片。PVC 容器主要用于生产矿泉水、饮料、化妆品瓶，也有用于精制油的包装。PVC 膜可用于与其他聚合物一起共挤出生产成本低的层压制品，以及具有良好阻隔性的透明制品。聚氯乙烯膜也可用于拉伸或热收缩包装，用于包装床垫、布匹、玩具和工业商品等。

7. 聚氯乙烯护墙板和地板

聚氯乙烯护墙板主要用于取代铝制护墙板。聚氯乙烯地板砖中除一部分聚氯乙烯树脂外，其余组分是回收料、黏合剂、填料及其他组分，主要用于机场候机楼地面和其他场所的坚硬地面。

8. 聚氯乙烯日用消费品

行李包是聚氯乙烯加工制作而成的传统产品之一。聚氯乙烯被用来制作各种仿皮革，用于行李包，运动制品，如篮球、足球和橄榄球等。还可用于制作制服和专用保护设备的皮带。服装用聚氯乙烯织物一般是吸附性织物（不需涂布），如雨披、婴儿裤、仿皮夹克和雨靴。聚氯乙烯应用于许多体育、娱乐品，如玩具、唱片和体育运动用品。目前聚氯乙烯玩具增长幅度大，由于聚氯乙烯玩具和体育用品生产成本低，易于成型而占有非常明显的优势。

阅读材料 2　聚四氟乙烯

聚四氟乙烯（英文缩写为 Teflon 或 [PTFE，F4]），俗称“塑料王”，中文商品名为“铁氟龙”、“特氟隆”、“特氟龙”、“泰氟龙”、“特富隆”等。它是由四氟乙烯经过聚合而形成的高分子化合物，具有优良的化学稳定性、耐腐蚀性（是当今世界上耐腐蚀性能最好的材料之一，除熔融金属钠和液氟外，能耐其他一切化学药品腐蚀，在王水中煮沸也不起变化，广泛应用于各种需要抗酸碱和有机溶剂的制品）、密封性、高润滑不黏性、电绝缘性和良好的抗老化性能、耐温优异（能在＋250～－180℃的温度下长期工作）。聚四氟乙烯本身对人没有毒性，但是在生产过程中使用的原料之一全氟辛酸铵（PFOA）被认为可能具有致癌作用。由于高温裂解时还能产生剧毒的副产物氟光气和全氟异丁烯等，所以要特别注意安全防护并防止聚四氟乙烯接触明火。

聚四氟乙烯具有如下特性。

1. 耐腐蚀性

能够承受除了熔融的碱金属、氟化介质以及高于 300℃氢氧化钠之外的所有强酸（包括王水）、强氧化剂、还原剂和各种有机溶剂的作用。

2. 绝缘性

不受环境及频率的影响，体积电阻可达 $10^{18}\Omega\cdot cm$，介质损耗小，击穿电压相对比较高。

3. 耐高低温性

对温度的影响变化不大，温度域范围广，可使用温度－190～260℃。

4. 自润滑性

具有塑料中最小的摩擦系数，是理想的无油润滑材料。

5. 表面不黏性

所有的固体材料都不能黏附在其表面上，是一种表面能最小的固体材料。

6. 耐大气老化性，耐辐照性能和较低的渗透性

长期暴露于大气中，表面及性能保持不变。

7. 不燃性

限氧指数在 90 以下。

聚四氟乙烯的产生解决了我国化工、石油、制药等领域的许多问题。聚四氟乙烯密封件、垫片、密封垫圈是选用悬浮聚合聚四氟乙烯树脂模塑加工制成的。聚四氟乙烯与其他塑料相比具有耐化学腐蚀的特点，已被广泛地应用于密封材料和填充材料。

聚四氟乙烯用作工程塑料，可制成聚四氟乙烯管、棒、带、板、薄膜等。一般应用于性能要求较高的耐腐蚀的管道、容器、泵、阀以及制雷达、高频通讯器材、无线电器材等。分散液可用作各种材料的绝缘浸渍液和金属、玻璃、陶器表面的防腐涂层等。各种聚四氟乙烯圈、聚四氟乙烯垫片、聚四氟乙烯盘根等被广泛用于各类防腐管道的法兰密封。此外，也可以用于抽丝，制成聚四氟乙烯纤维——氟纶（国外商品名为特氟纶）。

目前，各类聚四氟乙烯制品已在化工、机械、电子、航天、桥梁、电器、军工、环保等国民经济领域中起到了举足轻重的作用。

本章小结

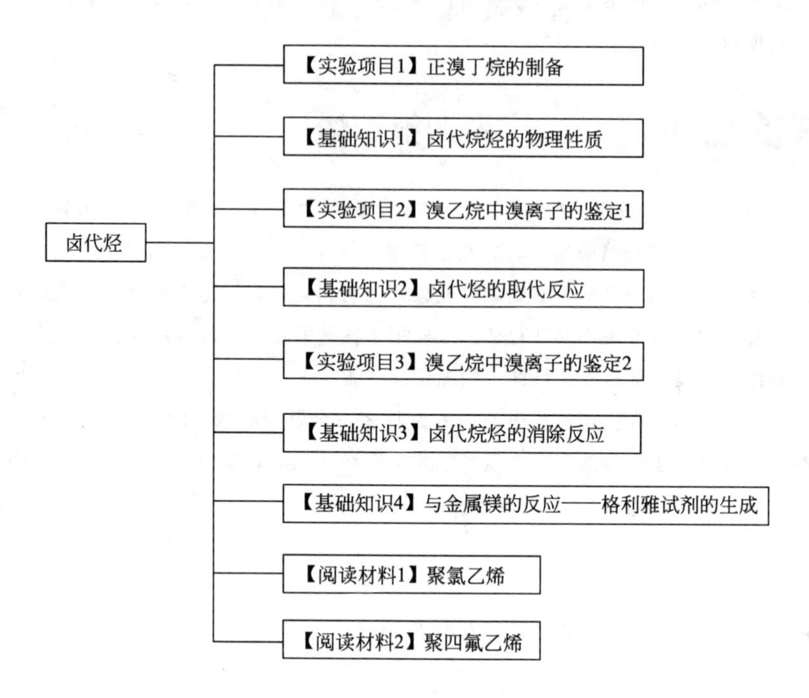

课后习题

1. 用系统命名法命名下列各化合物。

(1) $(CH_3)_2\underset{\underset{\text{Br}}{|}}{C}CH_2C(CH_3)_3$

(2) $(H_3C)_2\underset{\underset{\text{Br}}{|}}{C}—CH_2CH_2\underset{\underset{\text{Cl}}{|}}{CH}—CH_3$

(3) $H_3C—C\equiv C—CH_2—\underset{\underset{\text{Br}}{|}}{C}=CH_2$

(4) $\underset{CH_3}{\overset{H}{\diagdown}}C=C\underset{Br}{\overset{H}{\diagup}}$（H、H 位于双键同侧，$CH_3$、Br 位于另一侧）

2. 用简便化学方法鉴别下列几种化合物。

3-溴环己烯、氯代环己烷、碘代环己烷、甲苯、环己烷

3. 分子式为 C_4H_8 的化合物 A，加溴后的产物用 NaOH/醇处理，生成 C_4H_6(B)，B 能使溴水褪色，并能与 $AgNO_3$ 的氨溶液发生沉淀，试推出 A、B 的结构式并写出相应的反应式。

醇、酚、醚

1. 了解醇、酚、醚的物理通性
2. 掌握醇、酚、醚的化学性质及其差异

能力目标

1. 掌握蒸馏的基本操作
2. 提高小组成员间的团队协作能力
3. 培养学生的动手能力和安全生产的意识

生活常识　酒与酒精

酒是多种化学成分的混合物，酒精是其主要成分。酒精的学名是乙醇，啤酒中酒精含量为3%～5%，葡萄酒含酒精6%～20%，黄酒含酒精8%～15%，一些烈性白酒中含酒精50%～70%。工业酒精中往往含有甲醇（CH_3OH），饮用含甲醇的酒有害人体健康，可造成失明，甚至中毒死亡。

交通警察用经硫酸酸化处理的三氧化铬（CrO_3）硅胶检查司机呼出的气体，根据硅胶颜色的变化，可以判断司机是否酒后驾车。

乙醇的蒸馏

【任务描述】

掌握普通蒸馏中的一些基本操作方法。

【教学器材】

100mL圆底烧瓶、100mL锥形瓶、蒸馏头、接液管、直形冷凝管、150℃温度计、

200mL 量筒、乳胶管、热源、铁架台。

【教学药品】

乙醇水溶液（乙醇∶水＝60∶40）、沸石。

【组织形式】

每三个同学为一实验小组，根据老师给出的引导步骤，自行完成实验。

【注意事项】

（1）使用明火作为加热源时，在同一实验桌上装有几套蒸馏装置且相对距离较近时，每两套装置的相对位置必须或是蒸馏烧瓶对蒸馏烧瓶，或是接收器对接收器，避免着火的危险。

（2）当蒸馏出的物质易受潮分解，可在接收器上连接上一个氯化钙干燥管，以防止湿气的侵入；如果蒸馏时有有害气体放出时，则需装配气体吸收装置。

（3）当蒸馏沸点高于 140℃的物质时，应该更换空气冷凝管。

（4）蒸馏法只能提纯得到 95％的乙醇，因为乙醇和水形成恒沸化合物（沸点 78.1℃），若要制得无水乙醇，需用生石灰、金属钠或镁条法等化学方法。

【实验步骤】

1. 仪器安装

仪器装置见图 6-1，蒸馏仪器主要由蒸馏瓶、蒸馏头、温度计、温度计套管、冷凝器、尾接管、接收器组成。安装的顺序一般是按照“由上而下，由左而右”，根据热源的位置，依次安装铁架台、电热套和蒸馏烧瓶等。蒸馏烧瓶用铁夹垂直夹好，在瓶口插入蒸馏头；在另一铁架台上用铁夹夹住连有橡胶管的冷凝器的中部，调整冷凝器的位置（高低和角度）使其与蒸馏头侧管在同一直线上，然后旋松冷凝管中部的夹子，使冷凝管能够沿此直线上移并与蒸馏头侧管连接好，旋紧冷凝管上的夹子（各铁夹不应夹得太紧或太松，以夹住后稍用力尚能转动为宜）。在冷凝器下端连接尾接管，其末端插入接收器。在蒸馏头上塞上插有温度计的温度计套管，调整温度计位置，使温度计水银球的上缘恰好与蒸馏头侧管接口的下缘在同一水平线上。冷凝水流动方向由冷凝器的下端流入，上端流出。

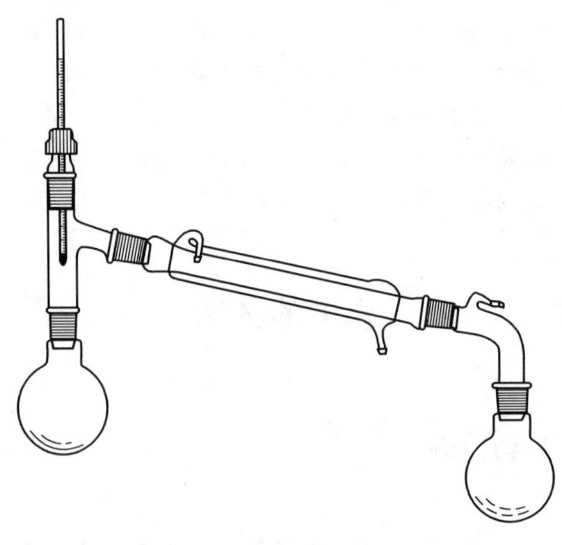

图 6-1　乙醇蒸馏装置

整套仪器要做到与大气相通、准确端正，不论从侧面看或正面看，各仪器的中心都要在一直线上。

2. 蒸馏操作及沸点的测定

用干燥量筒量取95%乙醇50mL，经长颈漏斗倒入干燥的蒸馏瓶中，加入沸石2～3粒，打开冷凝水，调节中等水流，检查装置的正确性与气密性，一切正常后，将蒸馏瓶置于电热套中加热至沸腾（最初适宜用小火，以免蒸馏烧瓶因局部受热而破裂；慢慢增大电压使之沸腾），当第一滴蒸馏液落于接收器中时，观察并记录此时的温度，调节电热套电压继续加热，保持蒸馏速度为每秒1～2滴，直至蒸馏瓶中仅存少量液体时停止加热，不要蒸干，并观察记录最后的温度；起始及最终的温度代表液体的沸程。最后停止通水，将收集的乙醇倒入回收瓶。

【任务解析】

1. 乙醇的蒸馏

利用简单蒸馏的方法可以将乙醇中的低沸物、高沸物及固体杂质除去，但必须注意的是水与乙醇常压下形成恒沸点为78.1℃的共沸物，故不能将水和乙醇完全分开，蒸馏所得的是含乙醇95.6%和水4.4%的混合物，相当于市售的95%乙醇。

2. 乙醇的物理性质

乙醇俗称酒精，是一种没有颜色、透明而具有特殊香味的液体，密度比水的小。20℃时的密度是0.7893g·cm^{-3}，沸点是78℃。乙醇易挥发，能够溶解多种无机物和有机物，能跟水以任意比例互溶。

【练一练】 在三支试管中各加入水2mL，然后分别滴加甲醇、丁醇、辛醇各10滴，振荡并观察溶解情况，可得出什么结论？

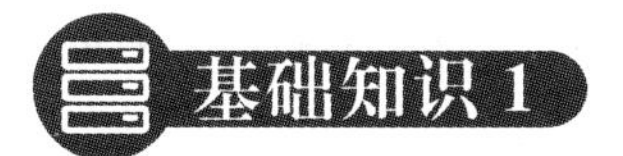

醇的物理性质

一、相态和沸点

低级醇（C_4以下）是具有酒精气味的无色透明液体，C_{12}以上的直链醇为无臭、无味、蜡状固体，C_5～C_{11}的醇为具有不愉快气味的油状液体。因为氢键的存在，低级直链饱和一元醇的沸点比相对分子质量相近的烷烃要高得多。直链饱和一元醇的沸点随相对分子质量增加而有规律地增高，每增加一个CH_2沸点升高18～20℃。在异构体中，支链越多，醇的沸点越低。液态醇分子间氢键可以相互缔合（见图6-2），氢键的键能为16～33kJ·mol^{-1}。因此，醇有较高的沸点。二元醇和多元醇，其分子间能形成更多的氢键，因此其沸点更高（见表6-1）。

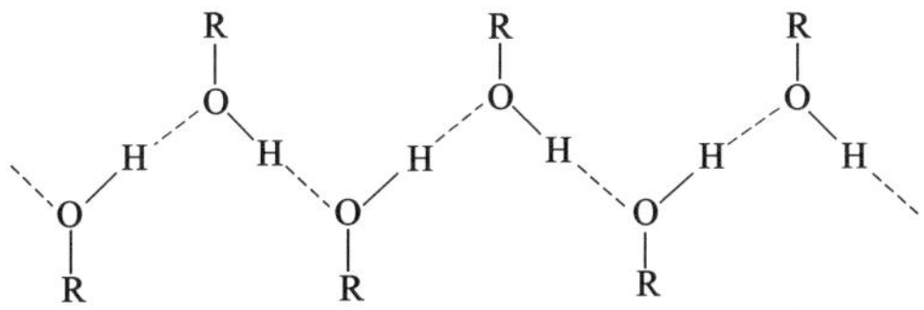

图6-2　醇中氢键的形成

二、熔点和相对密度

除甲醇、乙醇和丙醇外，其余醇的熔点和相对密度均随相对分子质量的增加而升高。

三、溶解性

甲醇、乙醇和丙醇都能与水互溶。自正丁醇开始，随烃基增大，在水中溶解度降低，而在有机溶剂中的溶解度增高。多元醇分子中含有两个以上的羟基，可以形成更多的氢键。因此，分子中所含羟基越多，其熔、沸点就越高，在水中溶解度也越大。

表 6-1　醇的物理常数

名　称	熔点/℃	沸点/℃	d_4^{20}	n_D^{20}	溶解度(25℃)/g·(100g 水)$^{-1}$
甲醇	−97	64.96	0.7941	1.3288	∞
乙醇	−114.3	78.5	0.7893	1.3611	∞
1-丙醇	−126.3	97.4	0.8035	1.3850	∞
1-丁醇	−89.5	117.25	0.8098	1.3993	8.00
1-戊醇	−79	137.3	0.817	1.4101	2.70
1-癸醇	7	231	0.829	—	—
2-丙醇	−89.5	82.4	0.7855	1.3776	∞
2-丁醇	−114.7	99.5	0.808	1.3978	12.5
2-甲基-1-丙醇	−108	108.39	0.802	1.3968	11.1
2-甲基-2-丙醇	25.5	82.2	0.789	1.3878	∞
2-戊醇	—	118.9	0.8103	1.4053	4.9
2-甲基-1-丁醇	—	128	0.8193	1.4102	
2-甲基-2-丁醇	−12	102	0.809	1.4052	12.15
3-甲基-1-丁醇	−117	131.5	0.812	1.4053	3
2-丙烯-1-醇	−129	97	0.855	—	∞
环己醇	25.15	161.5	0.9624	1.4041	3.6
苯甲醇	−15.3	205.35	1.0419	1.5396	4
乙二醇	−16.5	198	1.13	1.4318	∞
丙三醇	20	290(分解)	1.2613	1.4746	∞

【想一想】 酚、醚会有哪些物理性质呢？

实验项目 2　醇和酚的性质

【任务描述】

掌握醇类的一般性质，并比较醇和酚化学性质上的差异，认识羟基和烃基之间的相互影响。

【教学器材】

电炉、大烧杯试管、胶头滴管、酒精灯、玻璃棒、镊子。

【教学药品】

无水乙醇、钠、酚酞指示剂、正丁醇、仲丁醇、叔丁醇、Lucas 试剂、1% $KMnO_4$ 溶液、异丙醇、苯酚、pH 试纸、5% NaOH、溴水、1% KI、苯、浓硫酸、浓硝酸、5% Na_2CO_3、$FeCl_3$。

【组织形式】

每三个同学为一实验小组，根据老师给出的引导步骤，自行完成实验。

【注意事项】

（1）苯酚对皮肤有很强的腐蚀性，使用时应注意不与皮肤接触。万一碰到皮肤，应立即用酒精棉花擦洗。

（2）Lucas 试剂与醇作用时，若室温较低，则反应较慢，可在水浴上加热。

（3）苯酚在水中的溶解度为 $8g \cdot (100g)^{-1}$，故一定量的苯酚和水形成浑浊液。

【实验步骤】

1. 醇的性质

（1）醇钠的生成及水解

在干燥的试管中，加入 1mL 无水乙醇，然后将一小粒表面新鲜的金属钠投入试管中，观察现象，有什么气体放出？怎样检验？待金属钠完全消失后（如果有残余钠，应该先用镊子将钠取出放在酒精中破坏），向试管中加水 2mL，滴入酚酞指示剂，将观察到的现象进行解释。

（2）醇与 Lucas 试剂的作用

在三支干燥的试管中，分别加入 0.5mL 正丁醇、仲丁醇和叔丁醇，再在每个试管中各加 2mL Lucas（卢卡斯）试剂，立即用塞子将管口塞住，充分振荡后静置，温度最好保持在 26～27℃，注意最初 5min 及 1h 后混合物的变化，记录混合物变浑浊和出现分层的时间。

（3）醇的氧化

向盛有 1mL 乙醇的试管中滴入 1% $KMnO_4$ 溶液 2 滴，充分振荡后将试管置于水浴中微热，观察溶液颜色的变化，写出有关的化学反应式。

以异丙醇做同样实验，结果如何？

2. 酚的性质

（1）苯酚的酸性

在试管中盛放苯酚的饱和水溶液 6mL，用玻璃棒蘸取一滴于 pH 试纸上试验其酸性。

将上述苯酚饱和水溶液一分为二，一份作空白对照，在另一份中逐滴滴入 5% 氢氧化钠溶液，边加边振荡，直至溶液呈清亮为止（解释溶液变清的理由），然后在此清亮的溶液中，通入 CO_2 到酸性，又有何现象发生？写出有关的化学反应式。

（2）苯酚与溴水作用

取苯酚饱和水溶液 2 滴，用水稀释到 2mL，逐滴滴入饱和溴水，当溶液中开始析出的沉淀由白色转变为淡黄色时，立即停止滴加，然后将混合物煮沸 1～2min，以除去过量的溴，冷却后又有沉淀析出，再在此混合物中滴入 1% KI 溶液数滴及 1mL 苯，用力振荡，沉淀溶于苯中，析出的碘使苯层呈紫色。

（3）苯酚的硝化

取苯酚 0.5g 置于试管中，滴入浓 H_2SO_4 1mL，摇匀，在沸水浴中加热 5min，并不断振荡，使反应完全，冷却后加水 3mL，小心地逐滴加入 2mL 浓 HNO_3，振荡均匀，置于沸水浴上加热至溶液呈黄色，取出试管，冷却，观察有无黄色结晶析出，想想这是什么物质？

（4）苯酚与 $FeCl_3$ 作用

取苯酚的饱和水溶液 2mL 放入试管中，并逐滴滴入 $FeCl_3$ 溶液。观察颜色变化。

【任务解析】

1. 醇性质的实验现象及解释

(1) 醇钠的生成及水解

在无水乙醇中加入金属钠，会有 H_2 产生。若再向试管中加水，滴入酚酞变红：

$$CH_3CH_2OH+Na \longrightarrow CH_3CH_2ONa+\frac{1}{2}H_2$$

$$R—CH_2ONa+H_2O \rightleftharpoons RCH_2OH+NaOH$$

(2) 醇与 Lucas 试剂的作用

醇	卢卡斯试剂 →
正丁醇	室温下 1h 也不反应
仲丁醇	5min 内出现浑浊
叔丁醇	立即发热、浑浊或者分层

(3) 醇的氧化

将乙醇的试管中滴加 1%$KMnO_4$ 溶液 2 滴，充分振荡后将试管置于水浴中微热，紫红色逐渐褪去。

$$CH_3CH_2OH \xrightarrow{KMnO_4} CH_3CHO$$

2. 酚化学性质实验现象解析

(1) 苯酚的酸性

苯酚能溶于氢氧化钠水溶液而使溶液清亮。将二氧化碳通入酚钠水溶液中，溶液变浑浊：

$$C_6H_5OH + NaOH \longrightarrow C_6H_5ONa$$
$$C_6H_5ONa \xrightarrow{CO_2+H_2O} C_6H_5OH + NaHCO_3$$
$$C_6H_5ONa \xrightarrow{HCl} C_6H_5OH + NaCl$$

(2) 苯酚与溴水作用

苯酚与溴水作用，生成微溶于水的 2,4,6-三溴苯酚白色沉淀：

$$C_6H_5OH + Br_2 \xrightarrow{H_2O} 2,4,6\text{-}Br_3C_6H_2OH \downarrow +3HBr$$

滴加过量溴水，则白色的三溴苯酚就转化为淡黄色的难溶于水的四溴化物。该四溴化物易溶于苯，能氧化氢碘酸（碘化氢的水溶液），本身则又被还原成三溴苯酚：

$$2,4,4,6\text{-四溴环己二烯酮} +2HI \longrightarrow 2,4,6\text{-}Br_3C_6H_2OH +HBr+I_2$$

(3) 苯酚的硝化

由于苯酚的羟基的邻、对位氢易被浓 HNO_3 氧化，故在硝化前先进行磺化，利用磺酸基将邻、对位保护起来，然后用—NO_2 置换—SO_3H，故本实验顺利完成的关键是磺化这一步要较完全。

(4) 苯酚与 $FeCl_3$ 作用

溶液呈现蓝紫色。

【想一想】 A 和 B 两种物质的分子式都是 C_7H_8O，它们都能跟金属钠反应放出 H_2。A 不与 NaOH 溶液反应，而 B 能与 NaOH 溶液反应。B 能使适量溴水褪色，并产生白色沉淀，A 不能。B 的一溴化物有两种结构。试推断 A 和 B 的结构，并说明它们各属于哪一类有机物。

基础知识 2　醇的化学性质

醇的化学性质主要由羟基官能团决定，同时也受到烃基的一定影响。从化学键来看，反应的部位有 C—O 键、O—H 键和 C—H 键。

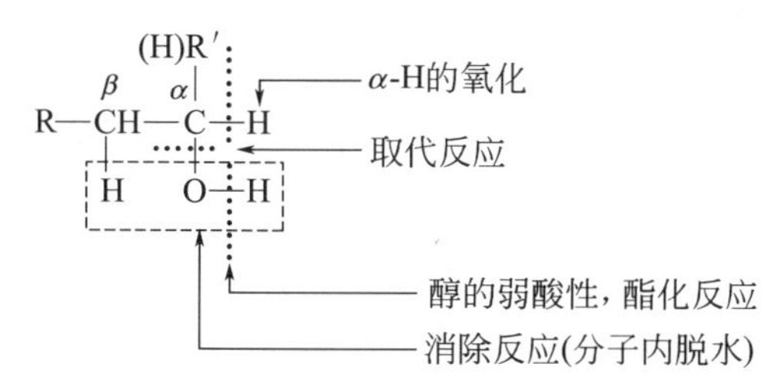

酚与醇分子中都有极性的 C—O 键和 O—H 键，它们能发生相似的反应。但由于酚羟基参与芳环共轭，使 O—H 键极性增大，C—O 键加强，因此一方面酚的酸性比醇大，另一方面羟基难以被取代。酚羟基使芳环活化，容易发生环上的亲电取代反应。

一、醇的酸性

醇羟基上的氢具有一定酸性。

$$R—O—H \rightleftharpoons RO^- + H^+$$

	H_2O	CH_3OH	CH_3CH_2OH	CF_3CH_2OH	$CF_3CH_2CH_2OH$	$(CH_3)_2CHOH$
pK_a	15.7	16.0	16.19	12.4	14.6	约 18

随着 α-C 上烃基的增加，空间位阻增加，烷氧基负离子溶剂化的程度减少，稳定性降低，酸性减弱。

醇的酸性很弱，只能与钠、钾、镁、铝等活泼金属生成醇金属：

$$CH_3CH_2OH + Na \longrightarrow CH_3CH_2ONa + \frac{1}{2}H_2\uparrow$$

$$6\,CH_3—\underset{CH_3}{CH}—OH + 2Al \longrightarrow 2\,(CH_3—\underset{CH_3}{CH}—O)_3Al + 3H_2\uparrow$$

醇的酸性比水弱，当醇钠遇水时立即水解：

$$R—CH_2ONa + H_2O \rightleftharpoons RCH_2OH + NaOH$$

【想一想】 钠可以保存在煤油中，可以保存在乙醇中吗？

二、与氢卤酸反应

醇与氢卤酸作用生成卤代烃，这是实验室制备卤代烃的一种方法。反应方程式如下：

$$ROH + HX \rightleftharpoons RX + H_2O$$

醇与氢卤酸反应速率的快慢与氢卤酸的种类及醇的结构有关。

不同种类氢卤酸的反应活性为：HI＞HBr＞HCl。

醇的活性为：烯丙醇或苄醇＞叔醇＞仲醇＞伯醇。

无水氯化锌和浓盐酸配成的溶液，称为卢卡斯（Lucas）试剂，可以用来区别伯、仲、叔醇。

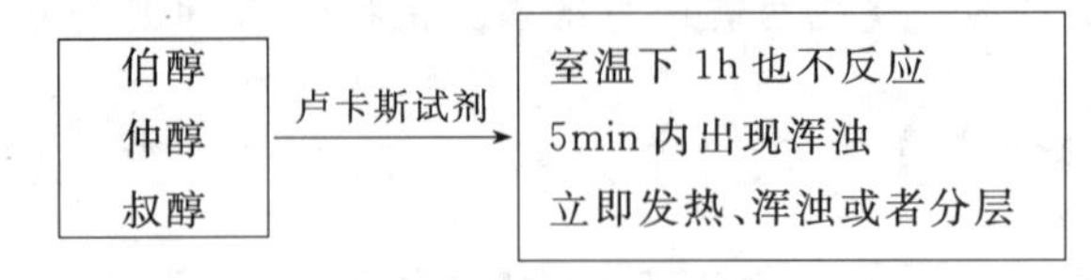

三、与三卤化磷、亚硫酰氯（二氯亚砜）反应

醇与三卤化磷反应，得到不发生重排反应的卤代烃，该法用于制备溴代烃或碘代烃：

$$3ROH + PBr_3 \longrightarrow 3RBr + P(OH)_3$$

$$6ROH + 3I_2 + 2P \longrightarrow 6RI + 2H_3PO_4$$

醇和 PCl_3 反应比较复杂，副反应很多，尤其是与伯醇作用时，主产物通常是亚磷酸酯而不是氯代烃。目前由醇（特别是伯醇）制备氯代烃常用的方法是用 $SOCl_2$（亚硫酰氯）作试剂，产品较纯净。例如：

$$R—OH + SOCl_2 \xrightarrow{\text{吡啶}} RCl + SO_2\uparrow + HCl\uparrow$$

四、与硫酸、硝酸、磷酸反应

醇和酸作用生成酯的反应称酯化反应。这里只介绍醇和无机酸的酯化反应。例如：

$$CH_3OH + H_2SO_4 \longrightarrow \underset{\text{硫酸氢甲酯}}{CH_3OSO_2OH} \xrightarrow[\text{减压}]{\triangle} \underset{\text{硫酸二甲酯}}{CH_3OSO_2OCH_3}$$

硫酸氢甲酯在减压下蒸馏变成中性的硫酸二甲酯，它们都是很好的烷基化试剂。硫酸二甲酯有剧毒，对呼吸器官和皮肤都有强烈的刺激作用。

十二醇与浓硫酸在40～55℃条件下，生成十二烷基硫酸氢酯，十二烷基硫酸氢酯的钠盐是一种合成洗涤剂。例如：

$$C_{12}H_{25}OH + H_2SO_4(\text{浓}) \xrightarrow{40\sim55℃} C_{12}H_{25}OSO_3H + H_2O$$

$$C_{12}H_{25}OSO_3H + NaOH \longrightarrow \underset{\text{十二烷基硫酸钠}}{C_{12}H_{25}OSO_3Na} + H_2O$$

HNO_3 能很快和伯醇作用生成酯，硝酸酯受热会发生爆炸，所以在处理和制备硝酸酯时要特别小心。例如：

$$\begin{array}{l} CH_2OH \\ | \\ CHOH \\ | \\ CH_2OH \end{array} + 3HNO_3 \longrightarrow \begin{array}{l} CH_2ONO_2 \\ | \\ CHONO_2 \\ | \\ CH_2ONO_2 \end{array}(\text{硝化甘油}) + 3H_2O$$

硝化甘油是一种液态炸药，也能用于血管舒张、治疗心绞痛和胆绞痛。

H_3PO_4 与醇作用生成酯的反应是可逆反应，产率很低。一般磷酸酯是由醇和 $POCl_3$ 作用制得。例如：

$$3C_8H_{17}OH + Cl_2\overset{Cl}{P}{=}O \longrightarrow \underset{\text{磷酸三辛酯}}{(C_8H_{17}O)_3PO} + 3HCl$$

磷酸酯是一类很重要的化合物，常被用作萃取剂、增塑剂等。

五、脱水反应

（1）分子内脱水

醇与强酸（硫酸、磷酸等）加热，可发生分子内脱水反应生成烯烃。例如：

$$CH_3CH_2CH_2CH_2OH \xrightarrow[140℃]{75\%\ H_2SO_4} CH_3CH_2CH{=}CH_2$$

$$CH_3CH_2CH(OH)CH_3 \xrightarrow[100℃]{60\%\ H_2SO_4} \underset{80\%}{CH_3CH{=}CHCH_3}$$

$$(CH_3)_3C{-}OH \xrightarrow[85\sim90℃]{20\%\ H_2SO_4} \underset{100\%}{CH_3{-}C(CH_3){=}CH_2}$$

醇分子内脱水的活性与醇的结构有关。醇分子内脱水反应活性顺序为：$R_3COH > R_2CHOH > RCH_2OH$。

仲醇、叔醇分子内脱水，若有两种以上 β-H，就有两种不同的取向，遵守扎依采夫规则。例如：

$$CH_3CH_2CH(OH)CH_3 \xrightarrow{H^+} \underset{80\%}{CH_3CH{=}CHCH_3} + \underset{20\%}{CH_3CH_2CH{=}CH_2}$$

$$C_6H_5{-}CH_2CH(OH)CH_3 \xrightarrow{H^+} \underset{(主)}{C_6H_5{-}CH{=}CHCH_3} + C_6H_5{-}CH_2CH{=}CH_2$$

$$\text{1-甲基环己醇} \xrightarrow{H^+} \underset{(主)}{\text{1-甲基环己烯}} + \text{亚甲基环己烷}(=CH_2)$$

（2）分子间脱水

醇与强酸（硫酸、磷酸等）加热，可发生分子间脱水反应而生成醚。这是制备简单醚的重要方法，其中以伯醇效果最好，仲醇次之，而叔醇一般得到烯烃。一般不适合制备混合醚，但用甲醇和叔丁醇来制备甲基叔丁基醚，却可以得到较高的收率。例如：

$$CH_2(H){-}CH_2(OH) \xrightarrow{H_2SO_4,140℃} CH_3CH_2OCH_2CH_3 + H_2O$$

$$CH_2(H){-}CH_2(OH) \xrightarrow{Al_2O_3,240\sim260℃} CH_3CH_2OCH_2CH_3 + H_2O$$

分子内脱水是消除反应，分子间脱水是亲核取代反应。亲核取代反应与消除反应往往是两个相互竞争的反应。消去反应涉及 β-C—H 的断裂，需要较高的能量。故升高温度对分子内脱水生成烯烃有利。而对叔醇来说，只能分子内脱水生成烯烃。

【练一练】 下列醇类能发生消除反应的是（　　）。

A. 甲醇　　B. 1-丙醇　　C. 2,2-二甲基-1-丙醇　　D. 1-丁醇

六、氧化和脱氢

醇分子中由于羟基的影响，使得 α-H 较活泼，伯醇和仲醇由于有 α-H 的存在而容易被氧化，而叔醇没有 α-H 很难被氧化。

醇氧化可用的氧化剂通常有 $KMnO_4$、浓 HNO_3、$K_2Cr_2O_7$、CrO_3、H_2SO_4、$CrO_3 \cdot 2C_5H_5N$ 等，它们的氧化能力以 $KMnO_4$ 和浓 HNO_3 为最强。不同类型的醇得到不同的氧化产物。

伯醇首先被氧化成醛，醛继续被氧化生成羧酸：

$$RCH_2OH \xrightarrow{K_2Cr_2O_7+H_2SO_4} RCHO \xrightarrow{[O]} RCOOH$$

$$CH_3CH_2OH \xrightarrow{K_2Cr_2O_7+H_2SO_4} CH_3-\overset{\overset{O}{\parallel}}{C}-H\uparrow \text{ 乙醛蒸出，脱离反应体系}$$

$$\xrightarrow[\text{若继续反应}]{[O]} CH_3COOH$$

由于醛很容易被氧化成羧酸，故伯醇氧化制醛时，可使用特殊的氧化剂，如三氧化铬-吡啶络合物，这样可使得产物停留在醛这一步：

$$(CH_3CH_2)_2\underset{\underset{CH_3}{|}}{C}-CH_2OH \xrightarrow[CH_2Cl_2,25℃]{CrO_3 \cdot 2C_5H_5N} (CH_3CH_2)_2\underset{\underset{CH_3}{|}}{C}-CHO + H_2O$$

2-甲基-2-乙基丁醛

仲醇一般被氧化成为含相同碳原子数的酮，由于酮较稳定，不易被氧化，可用于酮的合成。例如：

$$CH_3-\overset{\overset{CH_3}{|}}{CH}-OH \xrightarrow{KMnO_4} CH_3-\overset{\overset{O}{\parallel}}{C}-CH_3$$

丙酮

$$\text{环己醇(C}_6\text{H}_{11}\text{—OH)} \xrightarrow{K_2Cr_2O_7+H_2SO_4} \text{环己酮(C}_6\text{H}_{10}\text{=O)}$$

环己酮

脂环醇如用 HNO_3 等强氧化剂氧化，可继续氧化成为二元酸。例如：

$$\text{环己醇} \xrightarrow[50\sim60℃]{50\%\ HNO_3,V_2O_5} \text{环己酮} \xrightarrow{[O]} \begin{matrix} CH_2CH_2COOH \\ | \\ CH_2CH_2COOH \end{matrix}$$

环己醇　　环己酮　　己二酸

伯、仲醇的蒸气在高温下通过活性铜（或银）催化剂时发生脱氢反应，生成醛和酮，俗称催化脱氢。例如：

$$CH_3CH_2OH \underset{550℃}{\overset{[Ag或Cu]}{\rightleftharpoons}} CH_3-\overset{\overset{O}{\parallel}}{C}-H + H_2$$

乙醛

$$CH_3-\underset{\underset{OH}{|}}{CH}CH_3 \underset{380℃}{\overset{[ZnO]}{\rightleftharpoons}} CH_3-\overset{\overset{O}{\parallel}}{C}-CH_3 + H_2$$

丙酮

叔醇分子中没有 α-H，不发生脱氢反应，只能脱水生成烯烃。

【想一想】 焊接银器、铜器时，表面会生成发黑的氧化膜，银匠说，可以先把铜、银在火上烧热，马上蘸一下酒精，铜、银会光亮如初！这是何原理？

基础知识 3　酚的化学性质

醇和酚的结构中都含有羟基，但醇中的羟基与烷基相连，酚中羟基与芳环直接相连，因此它们的化学性质上有很多不相同的地方。

一、酚羟基上的反应

1. 酸性

酚具有酸性，其酸性（苯酚的 $pK_a=10$）比醇（$pK_a=16\sim18$）、水（$pK_a=15.7$）强，比碳酸（$pK_a=6.38$）弱。因此酚能溶于氢氧化钠水溶液生成酚钠，但不能与碳酸氢钠反应。将二氧化碳通入酚钠水溶液中，可以使酚重新游离出来：

$$C_6H_5OH + NaOH \longrightarrow C_6H_5ONa \begin{cases} \xrightarrow{CO_2+H_2O} C_6H_5OH + NaHCO_3 \\ \xrightarrow{HCl} C_6H_5OH + NaCl \end{cases}$$

这个性质可以用来鉴别、分离不溶于水的醇、酚和羧酸。羧酸能溶于碳酸氢钠溶液；酚不溶于碳酸氢钠溶液，而溶于氢氧化钠溶液；醇不溶于氢氧化钠溶液。

当苯酚环上连有供电子基时，酸性减弱。当苯酚环上连有吸电子基时，有利于负电荷离域，因而酸性增强。例如：

	对甲苯酚（OH, CH_3）	苯酚	对硝基苯酚（OH, NO_2）	邻硝基苯酚	间硝基苯酚	2,4-二硝基苯酚	2,4,6-三硝基苯酚
pK_a	10.21	9.98	7.15	7.23	8.4	4.00	0.71

2. 酚醚的生成

酚与醇相似，可生成醚，但因酚羟基的碳氧键比较牢固，一般不能通过酚的分子间脱水来制备，而是由酚金属与烷基化试剂（卤烷或硫酸酯）在弱碱性溶液中作用而制得。例如：

$$C_6H_5ONa + CH_3CH_2Br \longrightarrow C_6H_5OCH_2CH_3 + NaBr$$

$$C_6H_5ONa + (CH_3)_2SO_4 \longrightarrow C_6H_5OCH_3 + CH_3OSO_3Na$$

酚醚在氢碘酸作用下，酚醚分解为酚和烃基碘，在有机合成上常利用生成酚醚的方法来保护酚羟基。

$$C_6H_5OCH_3 + HI \longrightarrow C_6H_5OH + CH_3I$$

3. 酚酯的生成

酚与羧酸直接酯化比较困难，一般是与酰氯或酸酐作用来制备酚酯。例如：

$$C_6H_5OH + CH_3COCl \longrightarrow C_6H_5O\text{—}\overset{O}{\overset{\|}{C}}\text{—}CH_3 + HCl$$

乙酰氯　乙酸苯酯

$$o\text{-}HOC_6H_4COOH + (CH_3CO)_2O \xrightarrow[65\sim80℃]{H_2SO_4} o\text{-}CH_3COOC_6H_4COOH + CH_3COOH$$

水杨酸　乙酰水杨酸(阿司匹林)

4. 与 $FeCl_3$ 的颜色反应

大多数酚可与氯化铁溶液作用而生成有色配离子：

$$6ArOH + FeCl_3 \rightleftharpoons [Fe(OAr)_6]^{3-} + 6H^+ + 3Cl^-$$

不同的酚显示不同的颜色。苯酚和均苯三酚呈蓝紫色和紫色，邻苯二酚和对苯二酚及β-萘酚显绿色，甲苯酚显蓝色等。例如：

苯酚	邻苯二酚	对苯二酚	对甲苯酚	1,2,4-苯三酚	1,2,3-苯三酚
蓝紫色	深绿色	青绿色结晶	蓝色	蓝绿色	淡绿色

具有烯醇式结构 $\rangle C{=}C\text{—}OH$ 的脂肪族醇也能发生此反应而显色。

这种特殊的显色反应，可用来检验酚羟基和烯醇的存在。

二、芳环上的亲电取代反应

羟基是一个较强的邻、对位定位基，使得酚的苯环上的亲电取代反应比苯容易得多。

1. 卤化反应

酚极易发生卤化反应。苯酚用溴水处理，就立即生成不溶于水的 2,4,6-三溴苯酚白色沉淀，反应非常灵敏，故此反应可用作苯酚的定性和定量测定：

$$C_6H_5OH + Br_2 \xrightarrow{H_2O} 2,4,6\text{-}Br_3C_6H_2OH \downarrow + 3HBr$$

除苯酚外，凡是酚羟基的邻、对位上还有氢的酚类化合物与溴水作用，均能生成沉淀，故该反应常用于酚类化合物的鉴别。

2. 磺化反应

浓硫酸易使苯酚磺化。如果反应在室温下进行，则生成几乎等物质的量的邻、对位取代产物；如果反应在较高温度下进行，则对位异构体为主要产物。反应方程式如下：

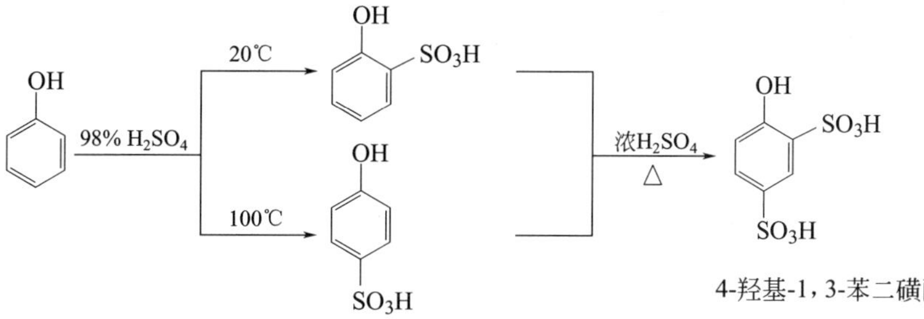

OH
98% H_2SO_4
20℃
OH
SO_3H
100℃
OH
SO_3H
浓H_2SO_4
△
OH
SO_3H
SO_3H

4-羟基-1，3-苯二磺酸

3. 硝化反应

苯酚在常温下用稀硝酸处理就可得到邻硝基苯酚和对硝基苯酚：

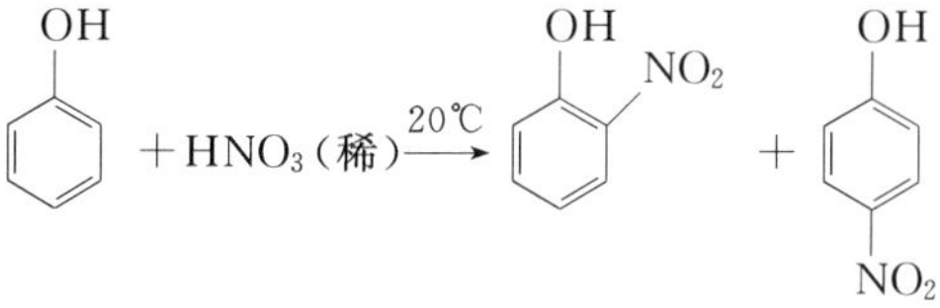

OH
$+HNO_3$（稀）$\xrightarrow{20℃}$
OH
NO_2
+
OH
NO_2

4. 傅瑞德尔-克拉夫茨反应

由于酚羟基易与无水氯化铝作用生成不溶于有机溶剂的酚氯化铝盐（$PhOAlCl_2$），使芳环亲电取代的活性降低；又由于羟基上酯化反应的竞争，酚类用氯化铝为催化剂的酰化反应产率不高。用乙酸和三氟化硼处理苯酚可获得高产率的对羟基苯乙酮：

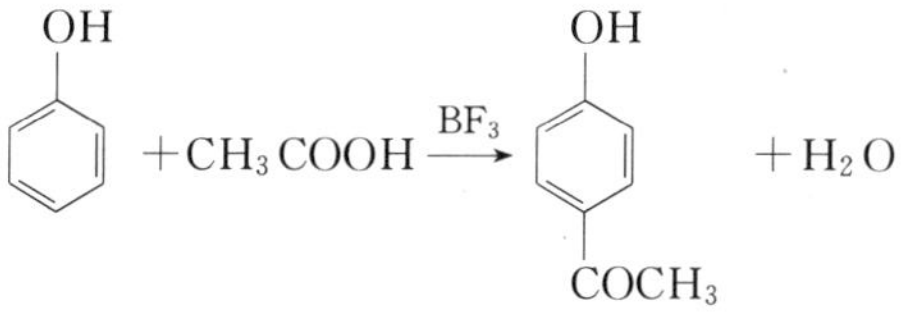

OH
$+CH_3COOH \xrightarrow{BF_3}$
OH
$COCH_3$
$+H_2O$

95%

酚的烷基化反应常常是以烯烃或醇为烷基化试剂的，以浓硫酸、磷酸或酸性阳离子交换树脂作为催化剂，反应生成二烷基化产物和三烷基化产物。例如：

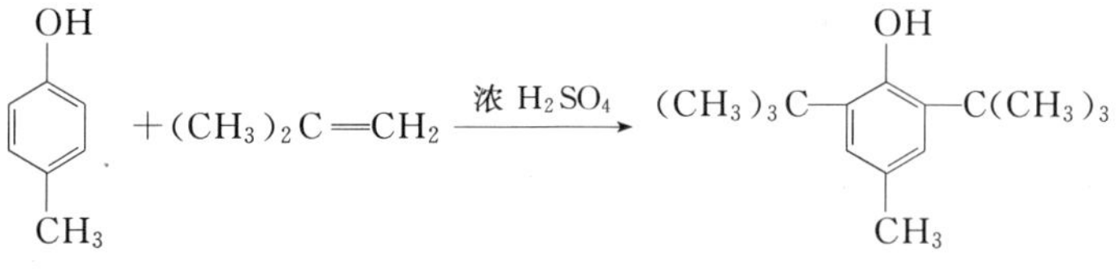

OH
CH_3
$+(CH_3)_2C{=}CH_2 \xrightarrow{浓\ H_2SO_4}$
OH
$(CH_3)_3C$—　—$C(CH_3)_3$
CH_3

4-甲基-2，6-二叔丁基苯酚

（俗称二四六抗氧剂）

【想一想】 除去苯中少量的苯酚杂质常用（　　）。

A. 加溴水振荡后过滤

B. 加水振荡后用分液漏斗分离

C. 加 NaOH 溶液，振荡，分液漏斗分离

D. 加四氯化碳溶液，振荡，分液漏斗分离

醚的化学性质

一、鉾盐和配位络合物的生成

醚的氧原子上有孤对电子，能与强酸（加浓 H_2SO_4 或浓 HX）的质子结合生成鉾盐而溶于浓强酸中。

$$R-\ddot{O}-R + HCl \longrightarrow \left[R-\overset{+}{O}(H)-R \right] Cl^-$$

$$R-\ddot{O}-R + H_2SO_4 \longrightarrow \left[R-\overset{+}{O}(H)-R \right] HSO_4^-$$

鉾盐是弱碱强酸的盐，不稳定，遇水很快分解为原来的醚。这一性质常用于将醚从烷烃或卤代烃等混合物中分离出来。在此过程中，如冷却程度不够，则部分醚可水解生成醇。

醚可提供孤对电子与亲电试剂如 BF_3、$AlCl_3$ 或格利雅试剂（RMgX）生成配位络合物。例如：

$$R-\ddot{O}-R + BF_3 \longrightarrow R_2O \rightarrow BF_3$$

二、醚键的断裂

在较高温度下，强酸能使醚键断裂。使醚键断裂最有效的试剂是浓氢碘酸，在常温下就可使醚键断裂，生成一分子醇和一分子碘代烃。若有过量的氢碘酸，则生成的醇进一步转变成另一分子的碘代烃。例如：

$$CH_3CH_2OCH_2CH_3 + HI \rightleftharpoons CH_3CH_2\overset{+}{O}(H)CH_2CH_3 \xrightarrow{I^-} CH_3CH_2I + CH_3CH_2OH$$

$$CH_3CH_2OCH_2CH_3 \xrightarrow{HI(过量)} 2CH_3CH_2I + H_2O$$

当两个烷基不相同时，往往是碳原子较少的烷基断裂下来与碘结合。例如，含甲氧基或乙氧基的醚与氢碘酸反应可定量地生成碘甲烷或碘乙烷。若将生成物蒸出，加入硝酸银的乙醇溶液，按照生成碘化银的量就可计算出原来醚分子中甲氧基或乙氧基的含量。例如：

$$CH_3CH(CH_3)CH_2OCH_2CH_3 + HI \xrightarrow{\triangle} CH_3CH(CH_3)CH_2OH + CH_3CH_2I$$

若是芳香烃基烷基醚与氢碘酸作用，只能是烷氧键断裂，生成酚和碘代烷：

$$C_6H_5-O-CH_3 \xrightarrow[120\sim130℃]{57\%HI} C_6H_5-OH + CH_3I$$

（p-π 共轭键牢固，不易断）

三、过氧化物的生成

醚长期与空气接触，会慢慢被氧化生成不易挥发的过氧化物：

$$RCH_2OCH_2R \xrightarrow{[O]} RCH_2OCH(O-O-H)R$$

（过氧化物）

过氧化物不稳定，加热时易分解而发生爆炸，因此，醚类应尽量避免暴露在空气中，一般应放在棕色玻璃瓶中，避光保存。

蒸馏放置过久的乙醚时，要先检验是否有过氧化物存在，且不要蒸干，以免发生爆炸事故。

检验醚中是否有过氧化物的方法：取少量乙醚，加入少量 2%碘化钾溶液、几滴稀硫酸和 2 滴淀粉溶液一起振摇，如有过氧化物生成，则碘离子被氧化为碘，遇淀粉呈蓝色。或用硫酸亚铁和硫氰化钾（KSCN）混合物与醚振荡，如有过氧化物存在，溶液会显红色：

$$\text{过氧化物} + Fe^{2+} \longrightarrow Fe^{3+} \xrightarrow{SCN^-} \underset{\text{红色}}{Fe(SCN)_6^{3-}}$$

除去过氧化物的方法：加入适量还原剂如 5%的 $FeSO_4$ 于醚中，使过氧化物分解。为了防止过氧化物的形成，市售乙醚中加有 $0.05\mu g \cdot g^{-1}$ 二乙基氨基二硫代甲酸钠作抗氧化剂。

阅读材料 1　乙醇汽油

2013 年 1 月 9 日以来，我国中东部地区相继陷入严重的雾霾和污染天气中。环保部门的数据显示，从东北到西北，从华北到中部乃至黄淮、江南地区，都出现了大范围的严重污染。

导致此次污染的主要原因就是污染物排放量大，机动车、燃煤、工业、扬尘，这些污染源排放量大，是造成本次严重污染的根本原因。汽车尾气污染成为城市污染祸首，国际上对汽车尾气造成大气污染非常重视，在寻找、研究和开发汽油替代品方面做了很多工作，比如风能、电能、氢能等，但这些能源都有各自的局限性。

乙醇汽油作为一种新型清洁燃料，是目前世界上可再生能源的发展重点，符合我国能源替代战略和可再生能源发展方向，技术上成熟安全可靠，完全适用于我国，具有较好的经济效益和社会效益。乙醇汽油是一种由粮食及各种植物纤维加工成的燃料乙醇和普通汽油按一定比例混配形成的新型替代能源。乙醇汽油具有清洁环保、可再生、可生物降解的特点。按照我国的国家标准，乙醇汽油是用 90%的普通汽油与 10%的燃料乙醇调和而成的。作为一种汽车燃料，它可节省石油资源，减少汽车尾气对空气的污染，促进农业的生产。同时，燃料乙醇的使用还可以大大改善汽油的使用性能，使其燃烧更彻底。而且，通过替代普通汽油中对地下水资源破坏严重的甲基叔丁基醚含氧添加剂，可有效防止对地下水的破坏。因此，车用乙醇汽油是一种节能环保型的燃料。

在汽车新能源领域，目前工艺最为成熟、应用最为广泛的是乙醇汽油。生产燃料乙醇的效益是综合性的。各国政府不断推出各项政策，鼓励使用乙醇汽油，以降低石油依赖性，保护环境。中国政府希望推广使用车用乙醇汽油，从而减少对原油的依赖，改善环境。添加 10%体积燃料乙醇的车用乙醇汽油可减少一氧化碳排放 25%～30%，减少二氧化碳排放约 10%。

目前我国正在推广使用乙醇汽油的地区涉及 9 个省（其中黑龙江、吉林、辽宁、河南、安徽 5 个省为全省，河北、山东、江苏、湖北 4 个省为省内部分地区）。山东省内使用的 7 个市包括济南、枣庄、泰安、济宁、菏泽、临沂、聊城，这 7 个城市所需变性燃料乙醇，由国家指定的山东龙力生物科技股份有限公司（龙力生物）负责生产和供应。中石化山东石油分公司、中石油山东销售公司负责车用乙醇汽油的调配与供应。

加入燃料乙醇的燃料具有很多优点：①汽车发动机不需要改造就可以直接使用掺入了燃料乙醇的汽油或柴油；②生产第二代燃料乙醇的催化酶技术在未来几年成本还将快速下降；③大规模工业生产的可行性非常强。然而近年来以玉米、高粱等为主要原料的燃料乙醇生产迅猛增长，也带来了粮食价格、生产成本及粮食保障方面的隐患，引起了中国高层的担忧。如今中国已决定不再批准以粮食为原料的生产燃料乙醇项目，转而鼓励使用玉米芯、秸秆等非粮食类原料生产燃料乙醇。

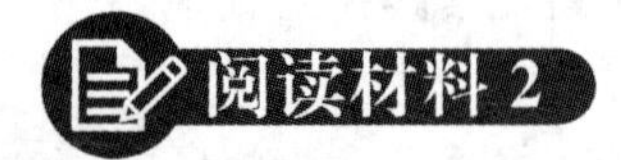

冠醚

冠醚，又称“大环醚”，是对一类含有多个氧原子的大环化合物的总称。常见的冠醚有15-冠-5、18-冠-6，如图6-3所示。冠醚的空穴结构对离子有选择作用，在有机反应中可作催化剂。冠醚有一定的毒性，必须避免吸入其蒸气或与皮肤接触。

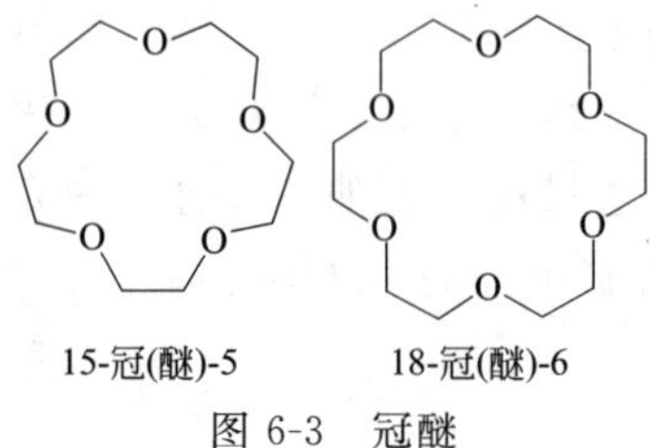

图 6-3 冠醚

冠醚最大的特点就是能与正离子，尤其是与碱金属离子络合，并且随环的大小不同而与不同的金属离子络合。

12-冠-4与锂离子络合而不与钠、钾离子络合；18-冠-6不仅与钾离子络合，还可与重氮盐络合，但不与锂或钠离子络合。冠醚的这种性质在合成上极为有用，使许多在传统条件下难以反应甚至不发生的反应能顺利地进行。冠醚与试剂中正离子络合，使该正离子可以溶在有机溶剂中，而与它相对应的负离子也随同进入有机溶剂内，冠醚不与负离子络合，使游离或裸露的负离子反应活性很高，能迅速反应。在此过程中，冠醚把试剂带入有机溶剂中，称为相转移剂或相转移催化剂，这样发生的反应称为相转移催化反应。这类反应速率快、条件简单、操作方便、产率高。

本章小结

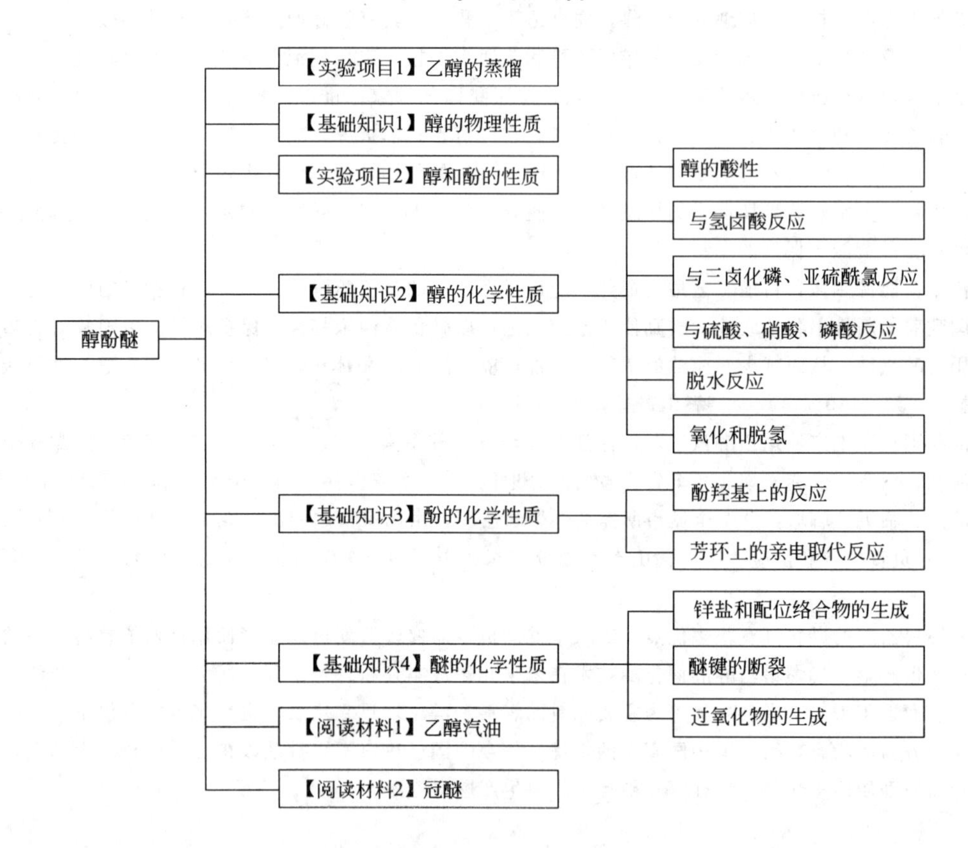

课后习题

1. 命名下列化合物。

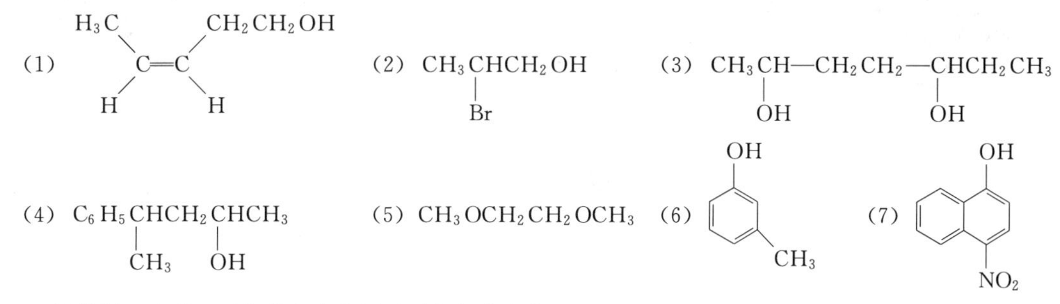

2. 用简便且有明显现象的方法鉴别下列各组化合物。

(1) $HC\equiv CCH_2CH_2OH$ ， $CH_3C\equiv CCH_2OH$

(2) CH_2OH ， OH CH_3

(3) $(CH_3)_3COH$，$CH_3CH_2CH_2CH_2OH$

(4) CH_3CH_2Br，CH_3CH_2OH

3. 分子式为 $C_5H_{12}O$ 的 A，能与金属钠作用放出氢气，A 与浓 H_2SO_4 共热生成 B。用热的高锰酸钾水溶液处理 B，得到 CH_3COCH_3 及 CH_3COOH。B 与 HBr 作用得到 D（$C_5H_{11}Br$），将 D 与稀碱共热又得到 A。推测 A 的结构，并用反应式表明推断过程。

醛、酮

1. 掌握醛、酮的结构
2. 掌握醛、酮的化学性质以及不同的醛、酮在性质上的差异和鉴别方法

能力目标

1. 提高小组成员间的团队协作能力
2. 培养学生的动手能力和安全生产的意识

生活常识 甲　醛

在某区婴幼儿用品的抽检过程中发现，有近三成的衣物不合格，其中甲醛超标成主因。此次被抽检的多是婴幼儿的贴身衣物，其中甲醛含量超标可引发慢性呼吸道疾病、结膜炎、咽喉炎、哮喘、支气管等疾病，甚至可诱发癌症。服装的面料生产，为了达到防皱、防缩、阻燃等作用，或为了保持印花、染色的耐久性，为了改善手感，就需要在纺织助剂中添加甲醛。由于甲醛对人体的危害性，国家对在纺织品中使用甲醛有相关严格的限制。

醛、酮的化学性质

【任务描述】

验证醛、酮的主要化学性质，掌握鉴别醛、酮的化学方法。

【教学器材】

试管、烧杯、酒精灯、三脚架、石棉网。

【教学药品】

甲醛、乙醛、丙酮、3-戊酮、二苯酮、苯甲醇、苯甲醛、己醛、乙醇、异丙醇、亚硫酸氢钠、碳酸钠、盐酸、碘-碘化钾溶液、氢氧化钠、硝酸银、氨水、2,4-二硝基苯肼。

【组织形式】

每三个同学为一实验小组，根据老师给出的引导步骤，自行完成实验。

【注意事项】

(1) 硝酸银溶液与皮肤接触，立即形成难于洗去的黑色金属银，故滴加和振荡时应小心操作！

(2) 配制银氨溶液时，切忌加入过量的氨水，否则将生成雷酸银，受热后会引起爆炸，也会使试剂本身失去灵敏性。托伦（Tollen）试剂久置后会析出具有爆炸性的黑色氮化银（Ag_3N）沉淀，因此需在实验前配制，不可贮存备用。

(3) 做银镜反应时，试管若不干净，则还原生成的银是黑色细粒状，无法形成银镜。因此试管必须清洗干净。做完银镜反应后，试管中的银镜，加少许浓硝酸即可洗去。

【实验步骤】

1. 醛、酮的亲核加成反应

(1) 与亚硫酸氢钠的加成

向4支小试管中分别装入新配制的饱和亚硫酸氢钠溶液2mL，分别滴加乙醛、丙酮、3-戊酮、苯甲醛6～8滴，振荡使之混合均匀，置于冰水中冷却，观察有无沉淀析出，比较其析出的相对速率，并解释之。写出其反应方程式。

滤出乙醛与亚硫酸氢钠加成物，加入2～3mL稀盐酸，注意有何气味逸出？为什么？这类反应有何实际意义？

(2) 与2,4-二硝基苯肼的加成

向4支小试管中各装入2,4-二硝基苯肼溶液1mL，分别加入丙酮、苯甲醛、二苯酮、己醛1～2滴（不溶于水者，则滴加10mg左右，再滴加乙醇1～2滴以助溶解）摇匀，静置。观察有无结晶析出，并观察结晶的颜色（若无沉淀析出，可用少许棉花塞好试管后，微微加热之），分别写出反应方程式。

2. 醛、酮 α-H 的活泼性——碘仿实验

向装有3mL蒸馏水的试管中，分别加入乙醛、丙酮、乙醇、异丙醇3～5滴，滴入10% NaOH溶液6滴使呈碱性，再逐滴加入碘-碘化钾溶液，边滴边振荡，直至反应液能保持淡黄色为止，继续轻摇，浅黄色逐渐消失，随之出现浅黄色沉淀，同时逸出一股特殊的碘仿气味。

若未生成沉淀，则将反应液微热至60℃左右，静置观察！

若溶液的浅黄色已褪去但又无沉淀析出，则应追加几滴碘-碘化钾溶液并微热之，静置观察！

3. 区别醛和酮的化学反应

与Tollen试剂反应：在装有1.5mL Tollen试剂的小试管中，各加甲醛、乙醛、丙酮、3-戊酮2～3滴，摇匀。若无变化，可放约40℃的温水浴中微热几分钟，观察有什么现象。注意：剩余的试剂和反应混合液使用过之后立即用大量水冲入下水道中。

【任务解析】

1. 醛、酮的亲核加成反应

(1) 与亚硫酸氢钠的加成

醛和大多数酮以及低级环酮都会在15min内生成白色沉淀物：

$$R-\underset{\underset{H(CH_3)}{|}}{C}=O + NaHSO_3 \rightleftharpoons R-\underset{\underset{H(CH_3)}{|}}{\overset{\overset{SO_3Na}{|}}{C}}-OH\downarrow$$

滤出醛或酮与亚硫酸氢钠加成物，加入2～3mL稀盐酸，又可分解为原来的醛或酮，并有二氧化硫气体产生。因此，下述反应常用来分离和提纯醛和某些酮：

$$R-\underset{\underset{H(CH_3)}{|}}{\overset{\overset{SO_3Na}{|}}{C}}-OH \longrightarrow \begin{cases} \xrightarrow[\triangle]{HCl} R-\underset{\underset{H(CH_3)}{|}}{C}=O + SO_2 + NaCl + H_2O \\ \xrightarrow[\triangle]{Na_2CO_3} R-\underset{\underset{H(CH_3)}{|}}{C}=O + Na_2SO_3 + CO_2 + H_2O \end{cases}$$

(2) 与2,4-二硝基苯肼的加成

析出结晶的颜色常和醛、酮分子中的共轭链有关。非共轭的酮生成黄色沉淀；共轭酮生成橙至红色沉淀；而具有长共轭链的羰基化合物则生成红色沉淀。但是试剂本身就是橙红色，所以对沉淀的颜色就应仔细判断。此外，在个别情况下，强酸、强碱性化合物会使未反应的试剂沉淀析出。反应方程式如下，

$$C_6H_5-CHO + H_2N-NH-C_6H_3(NO_2)_2 \longrightarrow C_6H_5-CH=N-NH-C_6H_3(NO_2)_2$$

2. 醛、酮 α-H 的活泼性——碘仿实验

卤仿反应通式表示如下：

$$R-\underset{\underset{O}{\|}}{C}-CH_3 + \underset{(X_2+NaOH)}{3NaOX} \longrightarrow R-\underset{\underset{O}{\|}}{C}-ONa + CHX_3 + 2NaOH$$

用次碘酸钠（$NaOH+I_2$）作试剂，产物为碘仿，碘仿为有特殊气味的不溶于水的黄色结晶。

3. 区别醛和酮的化学反应

盛有甲醛、乙醛的试管壁上形成了明亮的银镜，而盛有丙酮、3-戊酮的试管中无现象。醛与托伦试剂反应如下：

$$RCHO + 2Ag(NH_3)_2^+ + 2OH^- \xrightarrow{\triangle} RCOONH_4 + 2Ag\downarrow + 3NH_3 + H_2O$$

若试管不够洁净，则不能生成银镜，仅出现黑色絮状沉淀。

【想一想】 下列配制银氨溶液的操作，正确的是（　　）。

A. 在洁净的试管中加入1～2mL $AgNO_3$ 溶液，再加入过量浓氨水，振荡，混合均匀

B. 在洁净的试管中加入1～2mL 稀氨水，再逐滴加入2% $AgNO_3$ 溶液至过量

C. 在洁净的试管中加入1～2mL 浓氨水，再加入 $AgNO_3$ 溶液至过量

D. 在洁净的试管中加入2% $AgNO_3$ 溶液1～2mL，逐滴加入2%稀氨水至沉淀恰好溶解为止

醛、酮的化学性质

羰基是极性基团，碳原子上带有部分正电荷。同时，由于羰基是吸电子基团，使 α-C—H

键极性增加，因此醛和酮能发生多种具有重要意义的反应。但是，醛分子中羰基碳上至少有一个氢原子，而酮分子中羰基碳上没有氢原子。结构上的这种差异，使得它们在化学性质上也有差异。一般地说，醛比酮更活泼，某些反应往往为醛所特有。

$$\begin{array}{c} \quad\quad\quad\delta^- \\ \text{H}\quad\text{O} \\ |\quad\ \ \|\ \delta^+ \\ \text{R—C—C}\not|\text{—H(R)} \\ |\quad ①\ \ ③ \\ \text{H} \\ ② \end{array}$$

①羰基上的亲核加成反应　②α-H 原子的反应

③醛、酮的氧化、还原反应

一、羰基的亲核加成反应

1. 与氢氰酸的加成

在碱催化下，醛和酮与氢氰酸加成生成氰醇，又称为 α-羟基腈。例如：

$$CH_3CH_2\underset{\substack{|\\ H}}{C}{=}O + HCN \underset{}{\overset{OH^-}{\rightleftharpoons}} CH_3CH_2\underset{\substack{|\\ CN}}{CH}{—}OH$$

2-羟基丁腈

$$CH_3{—}\underset{\substack{|\\ CH_3}}{C}{=}O + HCN \overset{OH^-}{\rightleftharpoons} CH_3{—}\overset{\substack{CN\\ |}}{\underset{\substack{|\\ CH_3}}{C}}{—}OH$$

2-甲基-2-羟基丙腈

反应产物比原来的醛、酮增加了一个碳原子，这是有机合成上增长碳链的方法之一。许多氰醇是有机合成的重要中间体，例如有机玻璃的单体 α-甲基丙烯酸甲酯，就是以 2-甲基-2-羟基丙腈作为中间体的。

上述反应在碱催化下进行得很快，产率也很高。若无碱的存在，反应进行较为缓慢，若在酸存在下，反应速率显著减小，甚至反应较难进行。根据这些事实，氢氰酸与羰基化合物的加成，起决定作用的是 CN^-，即 CN^- 进攻带有部分正电荷的羰基碳原子，这种由亲核试剂进攻而引起的加成反应，称为亲核加成反应。

结构不同的羰基化合物，其亲核加成的活性次序是：

甲醛＞脂肪醛＞芳醛＞丙酮＞甲基酮＞环酮＞脂肪酮＞芳酮＞二芳酮

芳酮亲核加成的产率较低，二芳酮则不发生反应。

羰基化合物与氢氰酸加成反应速率的快慢与化合物的电子效应、空间效应有关。

从电子效应考虑，亲核加成的难易取决于羰基碳上电子云密度的大小。当羰基上连有供电子基团（如烷基）时，羰基碳上的电子云密度增加，正电性减小，不利于亲核试剂 CN^- 的进攻。从空间效应考虑，羰基连接的基团越大，对羰基的屏蔽作用越大，越不利于亲核试剂对羰基的进攻。

2. 与亚硫酸氢钠的加成

醛、脂肪族甲基酮及 8 个碳原子以下的环酮，可以与饱和的亚硫酸氢钠溶液发生加成反应，生成 α-羟基磺酸钠：

$$R{—}\underset{\substack{|\\ H(CH_3)}}{C}{=}O + NaHSO_3 \rightleftharpoons R{—}\overset{\substack{SO_3Na\\ |}}{\underset{\substack{|\\ H(CH_3)}}{C}}{—}OH\downarrow$$

反应生成的α-羟基磺酸钠易溶于水，不溶于饱和亚硫酸氢钠溶液，因而析出白色结晶。α-羟基磺酸钠若与酸或碱共热，又可以分解为原来的醛和酮：

$$R-\overset{SO_3Na}{\underset{H(CH_3)}{C}}-OH \longrightarrow \begin{cases} \xrightarrow[\triangle]{HCl} R-\underset{H(CH_3)}{C}=O + SO_2 + NaCl + H_2O \\ \xrightarrow[\triangle]{Na_2CO_3} R-\underset{H(CH_3)}{C}=O + Na_2SO_3 + CO_2 + H_2O \end{cases}$$

因此，上述反应常用来分离和提纯醛和某些酮。

此外，工业上还常用α-羟基磺酸钠与氰化钠反应制备氰醇，以避免使用易挥发的氢氰酸。例如：

$$R-\overset{SO_3Na}{\underset{H(CH_3)}{C}}-OH + NaCN \longrightarrow R-\overset{CN}{\underset{H(CH_3)}{C}}-OH + Na_2SO_3$$

3. 与醇的加成

醛在干燥氯化氢作用下，与醇反应生成半缩醛，半缩醛可继续与另一分子醇反应，失去一分子水，得到稳定的缩醛：

$$RCHO \underset{干\ HCl}{\overset{C_2H_5OH}{\rightleftharpoons}} \underset{\text{半缩醛}}{\underset{OH}{RCH}-OC_2H_5} \underset{干\ HCl}{\overset{C_2H_5OH}{\rightleftharpoons}} \underset{\text{缩醛}}{\underset{OC_2H_5}{RCH}-OC_2H_5}$$

缩醛与醚相似，对碱稳定，但在酸性溶液中易水解为原来的醛。例如：

$$\underset{OC_2H_5}{RCH}-OC_2H_5 \xrightarrow{H_2O,H^+} RCHO + 2C_2H_5OH$$

在有机合成中，为了使醛基在反应中不受破坏，常用生成缩醛的方法来“保护”较活泼的醛基，待反应完毕后，再用稀酸水解生成原来的醛基。例如：

$$CH_2=CH-CHO \xrightarrow[干\ HCl]{2ROH} CH_2=CH-\underset{OR}{CH}-OR \xrightarrow[\triangle]{H_2,Ni} CH_3-CH_2-\underset{OR}{CH}-OR \xrightarrow[\triangle]{稀酸} CH_3-CH_2-CHO + 2ROH$$

若丙烯醛直接催化加氢，则双键及醛基都会加氢而生成丙醇。

某些酮与醇也可发生类似的反应，生成半缩酮及缩酮，但反应较缓慢，有的酮则难反应。

【练一练】 以 $CH_2=C(CH_3)CHO$ 为原料合成 $ClCH_2CH(CH_3)CHO$?

4. 与格利雅试剂的加成

醛、酮与格利雅试剂加成是制备醇的一个重要方法，经常用于合成结构较复杂的醇。例如：

$$\rangle C=O + RMgX \xrightarrow{干醚} R-\overset{|}{\underset{|}{C}}-OMgX \xrightarrow[H^+]{H_2O} R-\overset{|}{\underset{|}{C}}-OH$$

甲醛与格利雅试剂反应，可以得到伯醇。例如：

$$HCHO + C_6H_5-MgBr \xrightarrow{干醚} C_6H_5-CH_2OMgBr \xrightarrow[H^+]{H_2O} \underset{\text{苯甲醇}}{C_6H_5-CH_2OH}$$

其他醛与格利雅试剂反应，可以得到仲醇。例如：

$$CH_3CHO+CH_3CH_2MgBr \xrightarrow{干醚} CH_3\underset{\underset{OMgBr}{|}}{C}HCH_2CH_3 \xrightarrow[H^+]{H_2O} CH_3\underset{\underset{OH}{|}}{C}HCH_2CH_3$$

2-丁醇

酮与格利雅试剂反应，得到叔醇。例如：

$$CH_3\underset{\underset{O}{\|}}{C}CH_3 + C_6H_5{-}MgBr \xrightarrow{干醚} C_6H_5{-}\overset{\overset{CH_3}{|}}{\underset{\underset{OMgBr}{|}}{C}}CH_3 \xrightarrow[H^+]{H_2O} C_6H_5{-}\overset{\overset{CH_3}{|}}{\underset{\underset{OH}{|}}{C}}CH_3$$

2-苯基-2-丙醇

此反应是增长碳链的方法，只要选择适当的原料，除甲醇外，几乎是任何醇都可通过格利雅试剂来合成。

二、与氨的衍生物的反应

氨的衍生物是指氨分子（NH_3）中的氢原子被其他基团取代后的产物（$H_2N—Y$）。醛、酮与氨的衍生物，如羟胺、苯肼、2,4-二硝基苯肼等发生缩合反应，可以得到含有碳氮双键（$C{=}N$）的化合物。例如：

$$CH_3CHO+H_2N—Y \longrightarrow [CH_3\overset{\overset{OH}{|}}{C}H—NH—Y] \xrightarrow{-H_2O} CH_3CH{=}N—Y$$

在有机化学中，由相同或不同的两个或多个有机物分子相互结合，生成一个较复杂的有机化合物，同时有水、醇、氨等小分子生成的反应，称缩合反应。

醛、酮与部分氨的衍生物缩合反应的产物如下：

$$\begin{array}{lll} >C{=}O + H_2N—OH & \longrightarrow & >C{=}N—OH \ （肟） \\ >C{=}O + H_2N—NH—C_6H_5 & \longrightarrow & >C{=}N—NH—C_6H_5 \ （苯腙） \\ >C{=}O + H_2N—NH—C_6H_3(NO_2)_2 & \longrightarrow & >C{=}N—NH—C_6H_3(NO_2)_2 \ （2,4\text{-}二硝基苯腙） \end{array}$$

醛、酮生成的肟、苯腙等多数是固体，都有固定的熔点，常用于醛、酮的鉴别。产物用稀酸加热水解，可得到原来的醛、酮，用于醛、酮的分离和提纯。

在实际操作中，相对分子质量较小的醛、酮与羟胺、苯肼作用时，得到的是低熔点固体或液体，不易测准。常用相对分子质量大的2,4-二硝基苯肼与之反应，生成2,4-二硝基苯腙黄色沉淀，便于观察，是羰基化合物最常用的鉴定试剂。

三、α-氢原子的反应

醛、酮分子中与羰基直接相连的碳原子称为α-碳原子。α-碳原子上的氢原子称为α-氢原子。α-氢原子由于羰基吸电子效应的影响，化学性质比较活泼。

1. 卤化和卤仿反应

在酸或碱催化下，醛、酮的α-氢原子可以被卤素取代，生成α-卤代醛、酮。在酸催化下，容易控制在一元卤代阶段。例如：

$$CH_3CH_2CHO+Cl_2 \longrightarrow \underset{\displaystyle |\atop \displaystyle Cl}{CH_3CHCHO}+HCl$$

α-氯丙醛

$$CH_3-\underset{\displaystyle \|\atop \displaystyle O}{C}-CH_3+Br_2 \xrightarrow{H^+} CH_3-\underset{\displaystyle \|\atop \displaystyle O}{C}-CH_2Br+HBr$$

α-溴丙酮

具有 $CH_3-\overset{\displaystyle O\atop \displaystyle \|}{C}-$ 结构的醛、酮的卤化反应，在碱性溶液中进行，甲基的三个氢原子都能被卤原子取代，生成α-三卤代物。例如：

$$CH_3-\underset{\displaystyle \|\atop \displaystyle O}{C}-CH_3+3X_2+3NaOH \longrightarrow CH_3-\underset{\displaystyle \|\atop \displaystyle O}{C}-CX_3+3NaX+3H_2O$$

在碱的存在下，三卤代物立即分解成三卤甲烷（卤仿）和羧酸盐：

$$CH_3-\underset{\displaystyle \|\atop \displaystyle O}{C}-CX_3+NaOH \longrightarrow \underset{乙酸钠}{CH_3COONa}+\underset{卤仿}{CHX_3}$$

所以这种反应又称为卤仿反应。其通式表示如下：

$$R-\underset{\displaystyle \|\atop \displaystyle O}{C}-CH_3+\underset{(X_2+NaOH)}{3NaOX} \longrightarrow R-\underset{\displaystyle \|\atop \displaystyle O}{C}-ONa+CHX_3+2NaOH$$

用次碘酸钠（$NaOH+I_2$）作试剂，产物为碘仿，称为碘仿反应。碘仿为有特殊气味的不溶于水的黄色结晶，易于观察，常用于鉴别乙醛和甲基酮的存在。次氯酸钠和次溴酸钠虽然也能发生类似的卤仿反应，但生成的氯仿、溴仿都是无色液体，不宜于鉴别。

次卤酸钠又是氧化剂，可以将 $CH_3\overset{\displaystyle OH\atop \displaystyle |}{CH}-$ 结构的醇氧化成乙醛或甲基酮，因此具有此结构的醇也发生碘仿反应。

卤仿反应的另一个用途是制备用其他方法不易得到的羧酸。例如：

$$(CH_3)_2C{=}CH-\underset{\displaystyle \|\atop \displaystyle O}{C}-CH_3 \xrightarrow[(2)H^+]{(1)Cl_2,NaOH} (CH_3)_2C{=}CH-\underset{\displaystyle \|\atop \displaystyle O}{C}-OH$$

【想一想】 化合物A、B的分子式均为C_3H_6O，但性质有如下的差别：

	2,4-二硝基苯肼	$NaOH+I_2$
A	+	+
B	+	−

试写出A、B的结构式。

2. 羟醛缩合反应

在稀碱催化下，具有α-氢原子的醛可相互加成。一分子醛的α-氢原子加到另一分子醛的羰基氧原子上，其余部分加到羰基碳原子上，生成β-羟基醛，这个反应称为羟醛缩合反应。

例如：

$$CH_3C(=O)H + H-CH_2CHO \xrightarrow{\text{稀碱}} CH_3\underset{\beta}{C}H(OH)\underset{\alpha}{C}H_2CHO$$

β-羟基丁醛

β-羟基醛的α-氢原子受β-碳原子上的羟基和邻近羰基的影响，非常活泼，极易脱水生成α,β-不饱和醛。它的活泼性使得在许多情况下甚至得不到β-羟基醛，而直接得到α,β-不饱和醛：

$$CH_3CH(OH)-CH(H)CHO \xrightarrow[\triangle]{-H_2O} CH_3CH=CHCHO$$

2-丁烯醛

2-丁烯醛催化加氢，即得正丁醇：

$$CH_3CH=CHCHO + 2H_2 \xrightarrow[\triangle]{Ni} CH_3CH_2CH_2CH_2OH$$

这是工业上用乙醛为原料，经羟醛缩合和催化加氢制备正丁醇的方法。

除乙醛外，其他醛经羟醛缩合，所得产物都是在α-碳上带有支链的β-羟基醛或烯醛。例如：

$$CH_3CH_2C(=O)H + H-CH(CH_3)CHO \xrightarrow{\text{稀碱}} CH_3CH_2CH(OH)CH(CH_3)CHO \xrightarrow{\triangle} CH_3CH_2CH=C(CH_3)CHO$$

2-甲基-3-羟基戊醛　　2-甲基-2-戊烯醛

具有α-氢原子的酮也能发生类似的缩合反应，但比较困难。

两种都含有α-氢原子的醛之间发生的羟醛缩合，称为交叉羟醛缩合。由于产物为四种β-羟基醛的混合物，分离困难，因此实用价值不大。但若两个反应物中有一个醛无α-氢原子（如甲醛、苯甲醛、叔丁基甲醛）时，则可用于制备。例如：

$$C_6H_5-CHO + CH_3CHO \xrightarrow{10\%\ NaOH} C_6H_5-CH=CHCHO$$

β-苯丙烯醛

$$C_6H_5-CHO + CH_3C(=O)CH_3 \xrightarrow{10\%\ NaOH} C_6H_5-CH=CHC(=O)CH_3$$

4-苯基-3-丁烯酮

$$CH_3CHO + 4HCHO \xrightarrow[\text{或 } Ca(OH)_2,60℃]{NaOH,30℃} HOCH_2-C(CH_2OH)_3$$

季戊四醇

这是工业上制备季戊四醇的方法。

四、氧化还原反应

1. 氧化反应

醛中有一个直接连在羰基上的氢原子，非常容易被氧化，比较弱的氧化剂即可使醛氧化，生成碳原子数相同的羧酸。例如空气中的氧也能将醛氧化，所以放置时间较长的醛常含有少量的羧酸。而酮较难发生氧化，因此可以利用氧化法来区别醛、酮。常用来区别醛、酮的弱氧化剂是托伦（Tollens）试剂和斐林（Fehling）试剂。

（1）托伦（Tollens）试剂

托伦试剂是硝酸银的氨溶液，它能将醛氧化成为羧酸，而银离子则被还原成为金属银，若附着在玻璃壁上则能形成明亮的银镜，故这个反应又称为银镜反应：

$$RCHO + 2Ag(NH_3)_2^+ + 2OH^- \xrightarrow[\triangle]{} RCOONH_4 + 2Ag\downarrow + 3NH_3 + H_2O$$

在实际应用中，常利用葡萄糖代替醛进行银镜反应，在玻璃制品上镀银，如热水瓶胆等。

脂肪醛和芳香醛都能与托伦试剂作用，而酮不发生反应，故常用来鉴别醛。

（2）斐林（Fehling）试剂

斐林试剂是硫酸铜溶液和酒石酸钾钠的碱溶液的混合液，其中酒石酸钾钠的作用是和二价铜离子形成配离子，避免生成氢氧化铜沉淀。醛与斐林试剂作用被氧化成为羧酸，铜离子则被还原成为砖红色的氧化亚铜沉淀：

$$RCHO + 2Cu^{2+} + NaOH + H_2O \xrightarrow[\triangle]{} RCOONa + Cu_2O\downarrow + 4H^+$$

芳香醛和酮不能被斐林试剂氧化，因此用斐林试剂既可区别脂肪醛和芳香醛，也可区别脂肪醛和酮。

如果在强氧化剂作用下，C═C 双键也被氧化：

$$CH_2{=}CHCH_2CHO \xrightarrow[\triangle]{KMnO_4/H^+} CO_2 + HOOCCH_2COOH$$

丙二酸

托伦试剂和斐林试剂对分子中的碳碳三键和碳碳双键不起作用，是良好的选择性氧化剂。例如：

$$CH_2{=}CHCH_2CHO \xrightarrow[\triangle]{Ag^+ 或 Cu^{2+}} CH_2{=}CHCH_2COOH$$

3-丁烯醛　　　　3-丁烯酸

酮一般不易被氧化，在强烈条件下氧化，碳链断裂生成几种小分子羧酸的混合物，因此实用价值不大。但环己酮在五氧化二钒催化下，用硝酸氧化，是生产己二酸的一个重要方法：

$$\text{环己酮} \xrightarrow[V_2O_5]{HNO_3} \begin{matrix} CH_2{-}CH_2{-}COOH \\ | \\ CH_2{-}CH_2{-}COOH \end{matrix}$$

己二酸

己二酸是制备尼龙 66 的原料，这是工业上的常用方法。

【练一练】 现有 6 瓶失去标签的有机化合物，它们可能是乙醇、甲醛、乙醛、苯甲醛、苯甲醇、丙酮，请设计一个方案，将它们的标签一一贴上。

2. 还原反应

醛、酮还原可分为两类，一类是还原成醇；另一类是羰基被还原成亚甲基。

（1）还原为醇

醛、酮在加压和加热下催化加氢，分别生成伯醇和仲醇。例如：

$$CH_3CH_2CHO \xrightarrow[\triangle]{H_2,\ Pt} CH_3CH_2CH_2OH$$

$$CH_3-\underset{\underset{O}{\|}}{C}-CH_3 \xrightarrow[\triangle]{H_2,Pt} CH_3-\underset{\underset{OH}{|}}{CH}-CH_3$$

催化加氢的方法选择性不高，醛、酮分子中含有不饱和键时，羰基和不饱和键同时被还原。例如：

$$CH_3CH=CHCHO \xrightarrow[Ni]{H_2} CH_3CH_2CH_2CH_2OH$$

如果只还原羰基，而不还原不饱和键，则需使用选择性较高的化学还原剂，如氢化铝锂（$LiAlH_4$）、硼氢化钠（$NaBH_4$）、异丙醇-异丙醇铝等。例如：

$$CH_3CH=CHCHO \xrightarrow[②H_2O]{①NaBH_4} \underset{\text{2-丁烯醇（85\%）}}{CH_3CH=CHCH_2OH}$$

其中，氢化铝锂还原能力最强，它除了还原羰基外，还可还原—COOH、—COOR、$—CONH_2$等基团。

（2）羰基还原为亚甲基

用锌汞齐（金属锌和汞形成的合金）在浓盐酸作用下反应，羰基可被还原成亚甲基（$-CH_2-$），此方法称为克莱门森（Clemmenson）还原法。例如：

$$C_6H_5-\underset{\overset{\|}{O}}{C}-CH_2CH_3 \xrightarrow[\triangle]{Zn\text{-}Hg,HCl} C_6H_5-CH_2CH_2CH_3$$

由于反应是在酸性介质中进行的，因此，羰基化合物中含有对酸敏感的基团（如醇羟基、碳碳双键等）时，不能用此法还原。

醛、酮还可与肼（$H_2N—NH_2$）的氢氧化钠水溶液和高沸点的醇（如缩二乙二醇）一起加热，使醛、酮生成腙后，将水和腙蒸出，再升温回流使腙分解放氮，羰基被还原成亚甲基。例如：

$$C_6H_5-\underset{\overset{\|}{O}}{C}-CH_2CH_3 \xrightarrow[(HOCH_2CH_2)_2O,\triangle]{H_2N-NH_2,NaOH} C_6H_5-CH_2CH_2CH_3 + N_2\uparrow + H_2O$$

此反应称为沃尔夫-凯惜纳-黄鸣龙还原，是在碱性条件中进行的，因此羰基化合物中不能含有对碱敏感的基团（如卤原子等）。此方法可与克莱门森还原法相互补充，是在苯环上间接引入直链烷基的最好方法。

【练一练】 某醇经氧化脱氢生成一种酮。该酮分子式为$C_5H_{10}O$，经氧化后可生成乙酸和丙酸。试推导该醇的结构。

五、歧化反应

不含α-H 的醛（如 HCHO、ArCHO、R_3CCHO 等）与浓碱共热，发生自身的氧化还原反应，一分子醛被氧化成酸，另一分子醛被还原成醇，此反应称为歧化反应，也称为坎尼扎罗（Cannizzaro）反应。例如：

$$HCHO+HCHO \xrightarrow[\triangle]{\text{浓 NaOH}} HCOONa+CH_3OH$$

$$2\,C_6H_5\text{—}CHO \xrightarrow[\triangle]{\text{浓 NaOH}} C_6H_5\text{—}COONa + C_6H_5\text{—}CH_2OH$$

$$2(CH_3)_3CCHO \xrightarrow[\triangle]{\text{浓 NaOH}} (CH_3)_3CCOONa + (CH_3)_3CCH_2OH$$

若甲醛与其他不含 α-H 的醛作用，一般是甲醛被氧化成甲酸，另一种醛被还原为醇。

阅读材料

酚醛树脂

酚醛树脂也叫电木，又称电木粉。原为无色或黄褐色透明物，市场销售往往加着色剂而呈红、黄、黑、绿、棕、蓝等颜色，有颗粒、粉末状。耐弱酸和弱碱，遇强酸发生分解，遇强碱发生腐蚀。不溶于水，溶于丙酮、酒精等有机溶剂中，是由苯酚与甲醛缩聚而得。

1872 年德国化学家拜尔首先合成了酚醛树脂，1907 年比利时裔美国人贝克兰提出酚醛树脂加热固化法，使酚醛树脂实现工业化生产，1910 年德国柏林建成世界第一家合成酚醛树脂的工厂，开创了人类合成高分子化合物的纪元。由于采用酚、醛的种类、催化剂类别、酚与醛的摩尔比的不同可生产出多种多样的酚醛树脂，它包括：线型酚醛树脂、水溶性酚醛树脂、油溶性酚醛树脂和热固性酚醛树脂。主要用于生产压塑粉、层压塑料；制造清漆或绝缘、耐腐蚀涂料；制造日用品、装饰品；制造隔音、隔热材料、人造板、铸造、耐火材料等。它的重要性能有以下几点。

1. 高温性能

酚醛树脂最重要的特征就是耐高温性，即使是在非常高的温度下，也能保持其结构的整体性和尺寸的稳定性。正因为这个原因，酚醛树脂才能被应用于一些高温领域，如耐火材料、摩擦材料、黏结剂和铸造行业。

2. 黏结强度

酚醛树脂一个重要的应用就是作为黏结剂。酚醛树脂是一种多功能，与各种各样的有机和无机填料都能相容的物质。设计正确的酚醛树脂，润湿速率特别快。并且在交联后可以为磨具、耐火材料、摩擦材料以及电木粉提供所需要的机械强度、耐热性能和电性能。

3. 高残碳率

在温度大约为 1000℃的惰性气体条件下，酚醛树脂会产生很高的残碳，这有利于维持酚醛树脂的结构稳定性。酚醛树脂的这种特性，也是它能用于耐火材料的一个重要原因。

4. 低烟、低毒

与其他树脂系统相比，酚醛树脂系统具有低烟、低毒的优势。在燃烧的情况下，用科学配方生产出的酚醛树脂系统，将会缓慢分解产生氢气、烃类化合物、水蒸气和碳氧化物。分解过程中所产生的烟相对少，毒性也相对低。这些特点使酚醛树脂适用于公共运输和安全要求非常严格的领域，如矿山、防护栏和建筑业等。

5. 抗化学性

交联后的酚醛树脂可以阻止任何化学物质对它的分解，如汽油、石油、醇、乙二醇和各种烃类化合物。

6. 热处理

热处理会提高固化树脂的玻璃化温度，可以进一步改善树脂的各项性能。玻璃化温度与结晶固体如聚丙烯的熔化状态相似。酚醛树脂最初的玻璃化温度与在最初固化阶段所用的固化温度有关。热处理过程可以提高交联树脂的流动性以促使反应进一步发生，同时也可以除去残留的挥发酚，降低收缩、增强尺寸稳定性、硬度和高温强度。同时，树脂也趋向于收缩和变脆。树脂后处理升温曲线将取决于树脂最初的固化条件和树脂系统。

本章小结

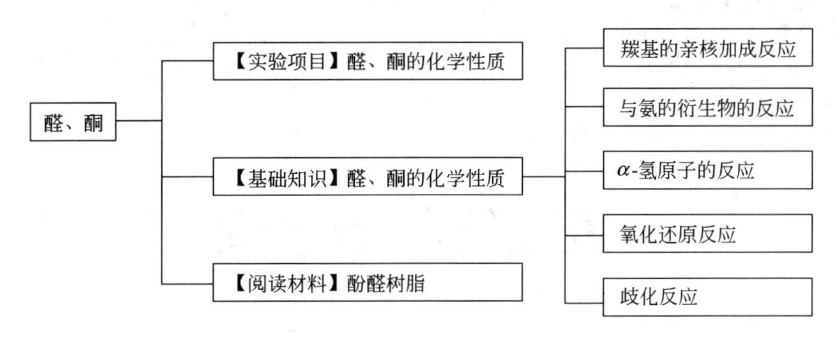

课后习题

1. 完成下列反应。

(1) $CH_3CH_2COCH_3 \xrightarrow[OH^-]{HCN} ? \xrightarrow{稀\ H_2SO_4} ?$

(2) $CH_3COCH_3 \xrightarrow[H_2O]{NaHSO_3} ? \xrightarrow{OH^-} ?$

(3) $CH_3-\overset{O}{\overset{\|}{C}}-CH_2CH_3 \xrightarrow{CH_3MgBr} \xrightarrow{H_2O} ?$

(4) 苯 $\xrightarrow{Br_2/Fe} ? \xrightarrow[无水乙醚]{Mg} ? \xrightarrow{CH_3CHO} \xrightarrow{H_2O/H^+} ?$

(5) 环己酮 $+ \ CH\equiv CNa \longrightarrow ? \xrightarrow{H_3O^+} ?$

(6) $CH_3O-\overset{O}{\overset{\|}{C}}-$(4-氧代环己基)$=O \xrightarrow{NaBH_4} ?$

(7) 呋喃-2-$CHO + (CH_3CH_2-\overset{O}{\overset{\|}{C}})_2O \xrightarrow[\triangle]{CH_3CH_2-\overset{O}{\overset{\|}{C}}-OK} ?$

2. 化合物 A ($C_{12}H_{18}O_2$)，不与苯肼作用。将 A 用稀酸处理得到 B ($C_{10}H_{12}O$)，B 与苯肼作用生成黄色沉淀。B 用 $I_2/NaOH$ 处理，酸化后得 C ($C_9H_{10}O_2$) 和 CHI_3。B 用 Zn/HCl 处理得 D ($C_{10}H_{14}$)。A、B、C、D 用 $KMnO_4$ 氧化都得到邻苯二甲酸。试推测 A、B、C、D 可能的结构。

羧酸及其衍生物

知识目标

1. 了解羧酸及其衍生物的物理性质
2. 掌握羧酸及其衍生物的化学性质

能力目标

1. 掌握重结晶操作，学会羧酸性质的鉴定
2. 提高小组成员间的团队协作能力

生活常识　阿司匹林

阿司匹林从最早被研制的纯水杨酸到经霍夫曼改进的乙酰水杨酸，直至后来的阿司匹林被拜耳引入医疗领域，一路走来已有百余年历史。阿司匹林既是处方药又是非处方药（OTC），此药可影响下丘脑内强致热因子前列腺素的合成，使体温中枢恢复调节体温的正常功能。阿司匹林还具有镇痛、消炎和抑制血小板聚集的作用。现在阿司匹林已被广泛应用于临床，尤其在心脑血管疾病的防治方面已处于重要的基石地位。

阿司匹林的小妙用：插花的水中加入阿司匹林可保持花不凋谢。把小片阿司匹林溶液与洗发水混合，长期使用可以去头屑。阿司匹林加水洗脸可去黑头。

实验项目1　苯甲酸的重结晶

【任务描述】

掌握重结晶提纯粗苯甲酸的原理和方法。

【教学器材】

烧杯、铁架台（带铁圈）、酒精灯、布氏漏斗、普通漏斗、铜漏斗、玻璃棒、抽滤瓶、

滤纸、石棉网、火柴。

【教学药品】

粗苯甲酸（本实验中的药品混有氯化钠和少量泥沙）、蒸馏水、活性炭。

【组织形式】

每三个同学为一实验小组，根据老师给出的引导步骤，自行完成实验。

【注意事项】

（1）加热后的烧杯不要直接放在实验台上，以免损坏实验台。

（2）进行趁热过滤时，注意要使烧杯保持适当的倾斜角度，同时注意安全，防止烫伤。

（3）不要用手直接接触刚加热过的烧杯、铁架台。

（4）注意活性炭的加入时间和热过滤时的速度。

（5）抽滤时注意先接橡胶管，抽滤后先拔橡胶管。

【实验步骤】

在加热溶解粗苯甲酸的同时，要准备好热水、铜漏斗。

1. 溶解

（1）取约3g粗苯甲酸晶体置于100mL烧杯中，加入40mL蒸馏水，若有未溶固体，可再加入少量热水，直至苯甲酸全部溶解为止（如不全部溶解，可再加入3～5mL热水，加热搅拌使其溶解。但要注意，如果加水加热后不能使不溶物减少，说明不溶物可能是不溶于水的杂质，就不要再加水，以免误加过多溶剂）。

（2）铁架台上垫一张石棉网，将烧杯放在石棉网上，点燃酒精灯加热，不时用玻璃棒搅拌（注意：搅拌时玻璃棒不要触及烧杯内壁，沿同一方向搅拌）。

（3）待粗苯甲酸全部溶解，停止加热，冷却后加入几粒活性炭，加热煮沸5min。（不能向正在沸腾的溶液中加入活性炭，否则将造成暴沸而溅出。）

2. 过滤

（1）将准备好的铜漏斗放在铁架台的铁圈上，漏斗下放一小烧杯，点燃酒精灯加热，在漏斗里放一张折叠好的折叠滤纸，并用少量热水润湿，见图8-1。这时将上述热溶液尽快地沿玻璃棒倒入漏斗中，每次倒入的溶液不要太满，也不要等溶液滤完后再加。所有溶液过滤

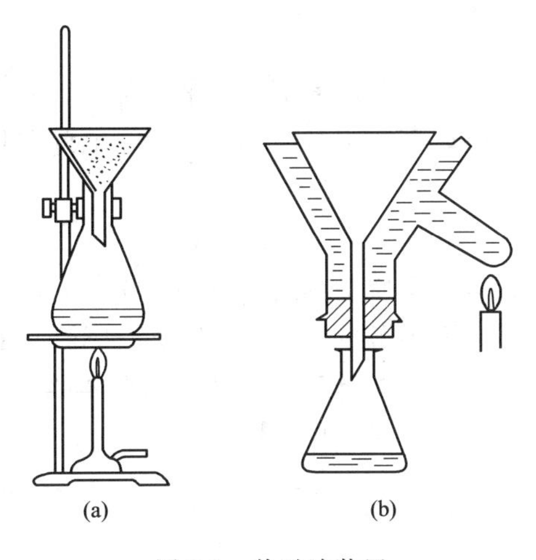

图8-1 热过滤装置

完毕后，用少量热水洗涤烧杯和滤纸。

(2) 将烧杯中的混合液趁热过滤（过滤时可用坩埚钳夹住烧杯，避免烫手），使滤液沿玻璃棒缓缓注入过滤器中。

3. 冷却结晶

将滤液静置冷却，观察烧杯中是否有晶体析出。待结晶完全析出后，用布氏漏斗抽滤，并用少量冷蒸馏水洗涤结晶，以除去结晶表面的母液。洗涤时，先从吸滤瓶上拔去橡胶管，然后加入少量冷蒸馏水，使结晶体均匀浸透，再抽滤至干。如此重复洗涤 2 次。

【任务解析】

苯甲酸，别名为安息香酸，分子式为 $C_7H_6O_2$（C_6H_5COOH），鳞片状或针状结晶，具有苯或甲醛的臭味，相对分子质量为 122.13，蒸气压为 0.13kPa/96℃，闪点为 121℃，熔点为 121.7℃，沸点为 249.2℃，微溶于水，溶于苯、乙醇、乙醚、氯仿、四氯化碳等有机溶剂。苯甲酸的相对密度（水=1）为 1.27；相对于空气的密度（空气=1）为 4.21。苯甲酸性质稳定，主要用作制药和染料的中间体，用于制取增塑剂和香料等，也作为钢铁设备的防锈剂。苯甲酸及其钠盐可用作乳胶、牙膏、果酱或其他食品的抑菌剂，也可作染色和印色的媒染剂。

苯甲酸在水中的溶解度随温度的变化较大（见表 8-1），通过重结晶可以使它与杂质分离，从而达到分离提纯的目的。

表 8-1 苯甲酸的溶解度

温度/℃	25	50	95
苯甲酸在水中的溶解度/g	0.17	0.95	6.8

基础知识 1 羧酸及其衍生物的物理性质

1. 状态

饱和一元羧酸中，C_3 以下的羧酸是具有强烈酸味的刺激性液体，C_4～C_9 的羧酸是具有腐败臭味的油状液体，C_{10} 以上的羧酸为蜡状固体。脂肪族二元羧酸及芳香羧酸都是结晶固体。

2. 溶解性

低级脂肪族一元羧酸可与水混溶，随着碳原子的增加而溶解度降低。芳香酸的水溶性极差。这是由于羧基是个亲水基团，可与水分子形成氢键，而随着烃基的增大，羧基在分子中的影响逐渐减小的缘故。

3. 沸点和熔点

饱和一元羧酸的沸点比相对分子质量相近的醇高。例如，乙酸与丙醇的相对分子质量均为 60，但乙酸的沸点为 118℃，而丙醇的沸点为 97.2℃。这是由于羧酸分子间能以两个氢键形成双分子缔合的二聚体。即使在气态时，也是以二聚体形式存在的。

```
      O···H—O
     //       \
R—C           C—R
     \       //
      O—H···O
```

羧酸分子间的氢键比醇分子中的氢键更稳定。

饱和一元羧酸的沸点和熔点变化总趋势都是随碳链增长而升高，但熔点变化的特点是呈锯齿状上升，即含偶数碳原子羧酸的熔点比前、后两个相邻的含奇数碳原子羧酸的熔点高。这是由于偶数碳羧酸具有较高的对称性，晶格排列得更紧密，因而熔点较高。

4. 挥发性

芳香族羧酸一般可以升华，有些能随水蒸气挥发。利用这一特性可以从混合物中分离与提纯芳香酸。常见羧酸的物理常数见表 8-2。

表 8-2　常见羧酸的物理常数

系统名	熔点/℃	沸点/℃	溶解度/g·(100g 水)$^{-1}$	pK_a 值	
				pK_a 或 pK_{a_1}	pK_{a_2}
甲酸	8.4	100.7	∞	3.77	
乙酸	16.6	118	∞	4.76	
丙酸	−21	141	∞	4.88	
丁酸	−5	164	∞	4.82	
戊酸	−34	186	3.7	4.86	
己酸	−3	205	1.0	4.85	
十二酸	44	225	不溶		
十四酸	54	251	不溶		
十六酸	63	390	不溶		
十八酸	71.5	360	不溶	6.37	
丙烯酸	13	141.6	溶	4.26	
乙二酸	189	157	溶	1.23	4.19
丙二酸	136	140	易溶	2.83	5.69
丁二酸	188	235	微溶	4.16	5.61
己二酸	153	330.5	微溶	4.43	5.61
苯甲酸	122.4	249	0.34	4.19	
邻苯二甲酸	231		0.70	2.89	5.41
对苯二甲酸	300		0.002	3.51	4.82

【想一想】 北方的冬天，气温低于 0℃，保存在试剂瓶内的乙酸凝结成冰状，如何能安全地将乙酸从试剂瓶中取出？

羧酸及其衍生物的性质

【任务描述】

掌握羧酸及其衍生物的主要化学性质。

【教学器材】

圆底烧瓶、铁架台、硬质玻璃管、单孔胶塞、小试管、玻璃导管、橡胶导管、玻璃棒。

【教学药品】

甲酸、乙酸、草酸、苯甲酸、氢氧化钠、硫酸、盐酸、乙醇、氯化钠、刚果红试纸、石灰水、饱和 Na_2CO_3 溶液、乙酰氯、硝酸银溶液。

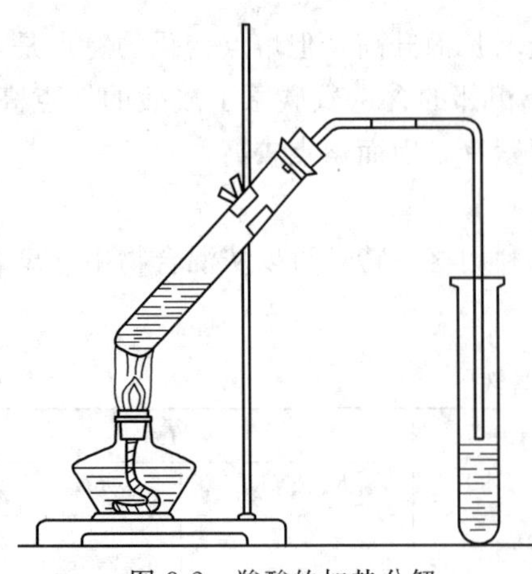
图 8-2 羧酸的加热分解

【组织形式】

每三个同学为一实验小组，根据老师给出的引导步骤，自行完成实验。

【注意事项】

(1) 注意酸碱的腐蚀性。

(2) 注意苯胺易燃、有毒的性质。

【实验步骤】

1. 羧酸的性质

(1) 酸性实验

将甲酸、乙酸、草酸各 5 滴，分别溶于 2mL 水中，用洗净的玻璃棒分别蘸取相应的酸液在同一条刚果红试纸上画线，比较各线条的颜色和深浅程度。

(2) 成盐反应

取 0.2g 苯甲酸晶体放入成有 1mL 水的试管中，加入 10%氢氧化钠溶液数滴，振荡并观察现象，接着再加数滴 10%盐酸，振荡，并观察所发生的变化。

(3) 加热分解作用

如图 8-2 所示，将甲酸和冰醋酸（乙酸）各 1mL 及草酸 1mL 分别放入 3 支带有导管的小试管中，导管的末端分别伸入 3 支各自盛有 1～2mL 石灰水的试管中（导管要插入石灰水中!）。加热试样，当有连续气泡发生时观察现象。

(4) 成酯反应

在一干燥的小试管中加入 1mL 无水乙醇和 1mL 冰醋酸，再加入 0.2mL 浓硫酸，振摇均匀后浸在 60～70℃的热水浴中约 10min。产生的蒸气经导管通到饱和碳酸钠溶液的液面上。这时可看到有透明的油状液体产生并可闻到香味。导管不能插入饱和 Na_2CO_3 溶液中!

2. 酰氯和酸酐的性质

(1) 水解作用

在试管中加入 2mL 蒸馏水，再加入数滴乙酰氯。反应结束后在溶液中滴加数滴 2%硝酸银溶液，观察现象。

(2) 醇解作用

在一干燥的小试管中放入 1mL 无水乙醇，慢慢滴加 1mL 乙酰氯，同时用冷水冷却试管并不断振荡。反应结束后先加入 1mL 水，然后小心地用 20%碳酸钠溶液中和反应液使之呈中性，此时有一酯层浮于液面上。如果没有酯层浮起，可在溶液中加入粉状的氯化钠至使溶液饱和为止，观察现象并闻其气味。

【任务解析】

1. 羧酸的性质实验解析

(1) 酸性实验

沾有草酸的试纸上的线条颜色最深，其次是甲酸、乙酸，据此推断三者的酸性强弱为：草酸＞甲酸＞乙酸。

刚果红 (congo red)：a. 二苯基-4,4-二 [(偶氮-2)-1-氨基萘-4-磺酸钠]

b. （结构式：两个4-磺酸钠-1-氨基萘基经 $-N=N-$ 与联苯相连，NH_2、SO_3Na）

刚果红试纸：取 0.2g 刚果红溶于 100mL 蒸馏水制成溶液，把滤纸放在刚果红溶液中浸透后取出晾干，裁成长条（长 70～80mm，宽 10～20mm），试纸呈鲜红色。刚果红适用于作酸性物质的指示剂，变色范围 pH 值为 3～5。

显色情况：（强酸）蓝色～蓝黑色（弱酸）～（碱）红。

刚果红与弱酸作用显蓝黑色，与强酸作用显稳定的蓝色，遇碱则又变红。

【练一练】 醋酸可以除去水垢，说明其酸性比碳酸的酸性强。前面我们学习了苯酚也有酸性，那乙酸、碳酸、苯酚的酸性谁强呢？请按提供的仪器，设计出一个一次性完成的实验装置，来证明它们三者酸性强弱？

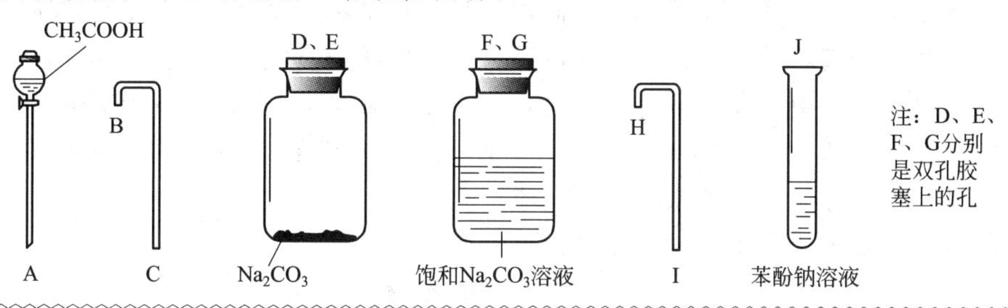

（2）成盐反应

加入 10%氢氧化钠溶液数滴后，苯甲酸白色晶体溶解于水中：

$$C_6H_5COOH + NaOH \longrightarrow C_6H_5COONa + H_2O$$

而盐酸加入后，又有白色晶体析出：

$$C_6H_5COONa + HCl \longrightarrow C_6H_5COOH + NaCl$$

（3）加热分解作用

不同的羧酸失去羧基的难易并不相同，除甲酸外，乙酸的同系物直接加热都不容易脱去羧基（失去 CO_2），但在特殊条件下也可以发生脱羧反应。例如，无水醋酸钠和碱石灰混合强热生成甲烷，这是实验室制取甲烷的方法。

（4）成酯反应

溶液分层，上层有无色透明的油状液体产生，并有香味。

在强酸（浓 H_2SO_4）催化下，乙醇和冰醋酸发生酯化反应。例如：

$$CH_3CH_2OH + CH_3COOH \underset{}{\overset{H^+}{\rightleftharpoons}} CH_3CH_2O\overset{O}{\overset{\|}{C}}CH_3$$

【想一想】 厨师烧鱼时常加醋并加点酒，这样鱼的味道就变得特别香醇，非常美味，为什么？

2. 酰氯和酸酐的性质实验解析

(1) 水解作用

有白色沉淀产生：

$$CH_3COCl + H_2O \longrightarrow CH_3COOH + HCl$$

$$AgNO_3 + HCl \longrightarrow AgCl\downarrow + HNO_3$$

(2) 醇解作用

有香味产生，酰卤可直接和醇作用生成酯：

$$CH_3\overset{O}{\overset{\|}{C}}—Cl + CH_3CH_2OH \longrightarrow CH_3\overset{O}{\overset{\|}{C}}—OCH_2CH_3 + HCl$$

基础知识 2　羧酸的化学性质

羧酸的化学反应主要发生在羧基上，而羧基是由羟基和羰基组成的，因此羧酸在不同程度上反映了羟基和羰基的性质，但羧酸的性质并不是这两类官能团性质的简单加和。羟基与羰基形成一个整体后，由于存在 p-π 共轭效应，使羟基氧原子上的电子云密度降低，增加了氢氧键间的极性，使氢原子易离解为质子，因此羧酸有明显的酸性。同时羰基的正电性降低，通常不易发生类似醛、酮的亲核加成反应。

羧酸分子中易发生化学反应的主要部位如下所示：

$$R—CH_2—\overset{O}{\overset{\|}{C}}—O—H$$

(④ 指向 CH_2 上的 α-H；③② 指向 C；① 指向 O—H)

①羧酸的酸性

②羟基被取代的反应

③羰基的还原和脱羧反应

④α-H 的取代反应

1. 酸性

一般羧酸的 pK_a 在 3.5～5 之间，有一定的酸性，能与氢氧化钠溶液作用生成盐，也能分解碳酸氢盐和碳酸盐而放出二氧化碳。例如：

$$CH_3COOH + NaOH \longrightarrow CH_3COONa + H_2O$$

$$CH_3COOH + NaHCO_3 \longrightarrow \underset{\text{乙酸钠}}{CH_3COONa} + CO_2\uparrow + H_2O$$

而羧酸盐与强无机酸作用，则又转化为羧酸：

$$RCOONa + HCl \longrightarrow RCOOH + NaCl$$

由此可见，羧酸的酸性比强无机酸的酸性要弱，但比碳酸（pK_a=6.38）的酸性强。这一性质常用于羧酸与酚的鉴别、分离。羧酸既溶于氢氧化钠，也溶于碳酸氢钠（有 CO_2 气体放出）；酚溶于氢氧化钠溶液，但不溶于碳酸氢钠溶液。

饱和一元羧酸中，甲酸的酸性最强。例如：

	$HCOOH$	CH_3COOH	CH_3CH_2COOH
pK_a	3.77	4.76	4.88

	Cl_3CCOOH	$Cl_2CHCOOH$	$ClCH_2COOH$	CH_3COOH
pK_a	0.65	1.29	2.86	4.76

	$CH_3CH_2\underset{Cl}{\underset{\mid}{C}}HCOOH$	$CH_3\underset{Cl}{\underset{\mid}{C}}HCH_2COOH$	$\underset{Cl}{\underset{\mid}{C}}H_2CH_2CH_2COOH$
pK_a	2.86	4.05	4.52

【想一想】 怎样将己醇、己酸和对甲苯酚的混合物分离得到各种纯的组分？

2. 羟基被取代的反应

羧酸分子中的羟基可被卤素（Cl、Br、I)、酰氧基（RCOO—)、烷氧基（RO—)、氨基（$—NH_2$）取代，生成羧酸衍生物，生成物分别为酰卤、酸酐、酯和酰胺。

（1）酰卤的生成

羧酸与三氯化磷、五氯化磷、二氯亚砜（$SOCl_2$）等作用时，分子中的羟基被卤原子取代，生成酰卤。例如：

$$3CH_3CH_2COOH + PCl_3 \xrightarrow{45℃} 3CH_3CH_2COCl + H_3PO_4$$

$$C_6H_5—COOH + 2SOCl_2 \longrightarrow C_6H_5—COCl + HCl + SO_2$$

其中二氯亚砜是较好的试剂，因为反应生成的二氧化硫、氯化氢都是气体，容易与酰氯分离，故实用性较强。酰氯非常活泼，易水解，通常用蒸馏法将产物分离。

（2）酸酐的生成

羧酸在脱水剂（如五氧化二磷、乙酸酐等）作用下，脱水生成酸酐。例如：

$$2CH_3CH_2COOH \xrightarrow[\triangle]{P_2O_5} (CH_3CH_2CO)_2O + H_2O$$

丙酸酐

乙酸酐能迅速地与水反应生成沸点较低的乙酸，可通过分馏除去，价格又较低廉，因此常用乙酸酐作为制备其他酸酐时的脱水剂。例如：

$$2\,C_6H_5—COOH \xrightarrow{(CH_3CO)_2O} C_6H_5—\overset{O}{\overset{\|}{C}}—O—\overset{O}{\overset{\|}{C}}—C_6H_5$$

苯甲酸酐

一些二元酸不需脱水剂，直接加热就可分子内脱水生成酸酐。例如：

$$HOOC—CH{=}CH—COOH\ (顺式) \xrightarrow{150℃} 顺丁烯二酸酐 + H_2O$$

顺丁烯二酸酐(95%)

$$C_6H_4(COOH)_2\ (邻位) \xrightarrow{230℃} 邻苯二甲酸酐 + H_2O$$

邻苯二甲酸酐(100%)

$$H_2C(CH_2—COOH)_2 \xrightarrow{300℃} H_2C(CH_2—CO)_2O + H_2O$$

戊二酸酐

（3）酯的生成

在强酸（如浓 H_2SO_4）催化下，羧酸和醇生成羧酸酯的反应称为酯化反应。例如：

$$RCOOH + R'OH \overset{H^+}{\rightleftharpoons} RCOOR' + H_2O$$

酯化反应是可逆反应，要提高酯的产率，一种方法是增加反应物的用量，通常使用过量的醇；另一种方法是从反应体系中蒸出沸点较低的生成物，使平衡向右移动。酯化反应的活性次序为：

酸相同时　$CH_3OH > RCH_2OH > R_2CHOH > R_3COH$

醇相同时　$HCOOH > CH_3COOH > RCH_2COOH > R_2CHCOOH > R_3CCOOH$

成酯方式上：伯醇和仲醇为酰氧断裂历程，叔醇为烷氧断裂历程。反应方程式如下：

$$R-\overset{\overset{O}{\|}}{C}-\boxed{O-H+H}-O-R' \overset{H^+}{\rightleftharpoons} R-\overset{\overset{O}{\|}}{C}-O-R' + H_2O$$

酰氧断裂

$$R-\overset{\overset{O}{\|}}{C}-O-\boxed{H+H-O}-R' \overset{H^+}{\rightleftharpoons} R-\overset{\overset{O}{\|}}{C}-O-R' + H_2O$$

烷氧断裂

(4) 酰胺的生成

羧酸与氨或胺反应，先生成铵盐，然后加热脱水形成酰胺。例如：

$$CH_3CH_2COOH + NH_3 \longrightarrow \underset{\text{丙酸铵}}{CH_3CH_2COONH_4} \xrightarrow[\triangle]{-H_2O} \underset{\text{丙酰胺}}{CH_3CH_2CONH_2}$$

羧酸与芳胺作用可直接得到酰胺。

$$CH_3COOH + C_6H_5-NH_2 \xrightarrow{\triangle} \underset{\text{乙酰苯胺}}{CH_3\overset{\overset{O}{\|}}{C}-NH-C_6H_5} + H_2O$$

3. 羧酸的还原反应

羧酸一般条件下不易被还原。在实验室中常用强还原剂氢化铝锂（$LiAlH_4$），将羧酸还原成醇。例如：

$$CH_3CH_2COOH + LiAlH_4 \xrightarrow[\text{②}H_2O]{\text{①干乙醚}} CH_3CH_2CH_2OH$$

$$C_6H_5-COOH + LiAlH_4 \xrightarrow[\text{②}H_2O]{\text{①干乙醚}} C_6H_5-CH_2OH$$

此法不但产率高，而且不影响分子中的碳碳不饱和键。例如：

$$CH_3CH{=}CHCOOH + LiAlH_4 \xrightarrow[\text{②}H_2O]{\text{①干乙醚}} CH_3CH{=}CHCH_2OH$$

但由于 $LiAlH_4$ 价格昂贵，因此仅限于实验室使用。

通过催化氢化将羧酸还原为醇，需要在高温（250℃）、高压（10MPa）下进行，比醛、酮还原所需的条件高得多，因此在醛、酮还原条件下羧酸不受影响。例如：

$$CH_3\overset{\overset{O}{\|}}{C}CH_2CH_2COOH \xrightarrow[25℃]{H_2,Ni} CH_3\overset{\overset{OH}{|}}{C}HCH_2CH_2COOH$$

4. 脱羧反应

羧酸脱去二氧化碳的反应称为脱羧反应。羧酸的碱金属盐与碱石灰（NaOH+CaO）共热，则发生脱羧反应，生成比原料少一个碳原子的烷烃。反应方程式如下：

$$RCOONa \xrightarrow[\triangle]{NaOH+CaO} R-H + Na_2CO_3$$

该反应由于副反应多，产率低，在合成上无实用价值。只在实验室中用于少量甲烷的制备。

当羧酸分子中的α-碳上连有较强的吸电子基时，受热易脱酸。例如：

$$CH_3COCH_2COOH \xrightarrow{\triangle} CH_3COCH_3 + CO_2$$

$$HOOCCH_2COOH \xrightarrow{\triangle} CO_2 + CH_3COOH$$

$$\text{2-氧代环己甲酸（环己酮-2-COOH）} \xrightarrow{\triangle} \text{环己酮} + CO_2$$

5. α-氢原子的取代反应

羧酸分子中的α-氢原子因为受到羧基的影响，具有一定的活泼性，在一定条件下可被氯或溴取代，但羧基对α-氢的致活作用比羰基弱得多。因此要在催化剂（红磷、碘或硫）作用下才能发生卤代反应。例如：

$$CH_3COOH \xrightarrow[P]{Cl_2} CH_2(Cl)COOH \xrightarrow[P]{Cl_2} CHCl_2COOH \xrightarrow[P]{Cl_2} Cl-CCl_2-COOH$$

若控制好反应条件，能够使反应停留在一元取代阶段。例如：

$$CH_3CH_2CH_2CH_2COOH + Br_2 \xrightarrow[70℃]{P,Br_2} CH_3CH_2CH_2CH(Br)COOH + HBr$$

80%

α-卤代酸的卤原子活泼，可被其他原子或原子团取代（如—OH、$—NH_2$ 等），常用来制备α-羟基酸和α-氨基酸，是一类重要的合成中间体。

实验项目3 肥皂的制取及性质实验

【任务描述】

了解制取肥皂的一般原理和方法；掌握盐析分离物质的方法；了解肥皂的洗涤和去污原理。

【教学器材】

烧杯、玻璃棒、试管。

【教学药品】

植物油、无水乙醇、NaOH 溶液、饱和食盐水、稀硫酸、10%氯化钙溶液。

【组织形式】

每三个同学为一实验小组，根据老师给出的引导步骤，自行完成实验。

【注意事项】

使用酸时请注意安全。

【实验步骤】

1. 皂化

在100mL 烧杯中加入10mL 植物油、10mL 无水乙醇、22mL 30%的 NaOH 溶液，加热搅拌。当液面出现泡沫后，应加强搅拌；当泡沫覆盖整个液面时，停止加热。

2. 盐析

向皂化产物中加入适量的饱和食盐水并搅拌，冷却后，分离出上层高级脂肪酸钠。用玻璃棒将制得的肥皂取出，做下面的实验。

(1) 酯的水解

取 0.5g 新制的肥皂放入试管中，加入 4mL 蒸馏水，加热使肥皂溶解。再加入 2mL (1∶5) 稀硫酸，然后在沸水浴中加热，观察现象。（液面上浮起的一层油状液体为何物?）

(2) 肥皂的洗涤作用

在试管中加入 2mL 制得的肥皂溶液（每 0.2g 新制的肥皂加 20mL 蒸馏水而成），然后加入 2～3 滴 10%的氯化钙溶液，振荡并观察所发生的变化。

(3) 肥皂的去污原理

取 2 支试管各加入 1～2 滴液体油脂。在 1 支试管中加入 2mL 水，在另 1 支试管中加入 2mL 制得的肥皂溶液。同时用力振荡两支试管，比较试管中出现的现象。

【任务解析】

肥皂的性质实验解析如下。

(1) 酯的水解

酯在酸性条件下的水解反应是酯化的逆反应，在液面上浮起的油层为水解后的脂肪酸。

(2) 肥皂的洗涤作用

有沉淀生成，这是因为肥皂遇钙离子能生成不溶于水的脂肪酸钙。

(3) 肥皂的去污原理

第 1 支试管中有分层现象，而在第 2 支试管中形成乳浊液。这是因为肥皂中包含着非极性的憎水部分（烃基）和极性的亲水部分（羧基）。

O
‖
C—O^- Na^+

憎水部分 亲水部分

排列在水表面的脂肪酸钠分子其亲水部分插入水中，憎水部分排除在水表面外，脂肪酸钠削弱了水表面上水分子与水分子之间的引力，所以肥皂具有强烈的降低水的表面张力的性质，它是一种表面活性剂。

而在水中，脂肪酸钠憎水的烃基依靠相互间的范德华引力聚集在一起，而亲水基团则包在外面与水相连接，形成一粒一粒很小的胶束。在胶束外面带有相同的电荷，造成它们之间有一定的排斥力，使胶束稳定。如果遇到油污，肥皂的憎水部分就进入油滴内，而亲水部分则伸在油滴外面的水中，形成稳定的乳浊液。

基础知识 3 羧酸衍生物的化学性质

1. 羧酸衍生物的亲核取代反应

羧酸衍生物分子中都含有羰基，和醛、酮相似，羰基的存在使得羧酸衍生物能够与亲核试剂（如水、醇、氨等）发生亲核取代反应，亲核取代反应是按加成-消除机理进行的。总的反应速率与加成、消除两步反应速率都有关，但第一步更重要。酰基碳的正电性愈大，立体障碍愈小，愈有利于加成，离去基团碱性愈弱，离去能力愈强，愈有利于消除。离去基团的离去能力次序是：$Cl^- > RCOO^- > RO^- > NH_2^-$。因此，羧酸衍生物的亲核取代反应的相对活性为：

$$R-\overset{\overset{O}{\|}}{C}-Cl > R-\overset{\overset{O}{\|}}{C}-O-\overset{\overset{O}{\|}}{C}-R > R-\overset{\overset{O}{\|}}{C}-OR > R-\overset{\overset{O}{\|}}{C}-NH_2$$

羧酸衍生物可通过亲核取代反应发生相互转化，活性较低的酰基化合物可从活性较高的酰基化合物合成，而逆反应非常困难。

（1）水解反应

酰卤、酸酐、酯和酰胺都可以和水反应，生成相应的羧酸。反应方程式如下：

$$R-\overset{\overset{O}{\|}}{C}-Cl \xrightarrow[]{H_2O,\ 立即反应} RCOOH + HCl$$

$$(R-\overset{\overset{O}{\|}}{C})_2O \xrightarrow[\triangle]{H_2O} RCOOH + RCOOH$$

$$R-\overset{\overset{O}{\|}}{C}-OR \xrightarrow[\triangle]{H_2O,\ H^+ 或 OH^-} RCOOH + ROH$$

$$R-\overset{\overset{O}{\|}}{C}-NH_2 \xrightarrow[长时间回流]{H_2O,\ H^+ 或 OH^-} RCOOH + NH_3$$

酰氯遇冷水能迅速水解。酸酐需要与热水作用。

酯的水解需加热，并使用酸或碱催化剂，酯在酸催化下水解是酯化反应的逆过程，水解不完全；在碱作用下水解，碱不仅是催化剂而且是参与反应的试剂，产物为羧酸盐和相应的醇，在足量碱的存在下水解可进行到底，酯在碱性溶液中的水解又称皂化。

酰胺的水解则需要在酸或碱的催化下，经长时间的回流才能完成。酰胺在酸性溶液中水解得到羧酸和铵盐；在碱作用下水解得到羧酸盐并放出氨。

（2）醇解反应

$$R-\overset{\overset{O}{\|}}{C}-Cl \xrightarrow{ROH} RCOOR + HCl$$

$$(R-\overset{\overset{O}{\|}}{C})_2O \xrightarrow[\triangle]{ROH} RCOOR + RCOOH$$

$$R-\overset{\overset{O}{\|}}{C}-OR' \xrightarrow[\triangle]{ROH,\ H^+或OH^-} RCOOR + R'OH$$

酰卤、酸酐可直接和醇作用生成酯。

酯和醇需要在酸或碱催化下发生反应，酯的醇解可生成另一种酯，这个反应称为酯交换反应。常用于工业生产中。例如，工业上合成涤纶树脂的单体（对苯二甲酸二乙二醇酯）的方法，就是采用了酯交换反应来完成的。反应方程式如下：

$$HOOC-C_6H_4-COOH \xrightarrow[70\sim80℃]{2CH_3OH,H_2SO_4} CH_3OOC-C_6H_4-COOCH_3 \xrightarrow[ZnAc_2,200℃]{2HOCH_2CH_2OH} HOCH_2CH_2OOC-C_6H_4-COOCH_2CH_2OH$$

若直接采用对苯二甲酸与乙二醇反应，不但要求原料纯度高，且反应慢，成本高，目前已不采用。粗对苯二甲酸难以提纯，而对苯二甲酸二甲酯可以通过结晶或蒸馏的方法提纯，故上述方法就成为长期以来生产对苯二甲酸二乙二醇酯的主要方法。

酰胺的醇解反应难以进行，需用过量的醇才能生成酯并放出氨。

(3) 氨解反应

$$RCOX \xrightarrow{NH_3} RCONH_2 + NH_4Cl$$

$$(RCO)_2O \xrightarrow{NH_3} RCONH_2 + RCOONH_4$$

$$RCOOR' \xrightarrow{NH_3} RCONH_2 + R'OH$$

$$RCONH_2 \xrightarrow{过量R'NH_2} RCONHR' + NH_3\uparrow$$

酰氯的氨解过于剧烈，并放出大量的热，操作难以控制，并且生成的酰胺易含杂质，难以提纯，故工业生产中常用酸酐的氨解来制取酰胺。酰胺的氨解反应和醇解反应一样，也是可逆反应，必须用过量的胺才能得到 *N*-烷基取代酰胺。

2. 羧酸衍生物的还原反应

酰卤、酸酐、酯和酰胺都比羧酸容易还原，其中以酯的还原最为容易。酰卤、酸酐在强还原剂（如氢化铝锂）作用下，还原成相应的伯醇。酯还原时，多种还原剂均可使用，可生成两种伯醇，酰胺还原成相应的伯胺。反应方程式如下：

$$RCOX \xrightarrow[②H_2O,H^+]{①LiAlH_4} RCH_2OH$$

$$(RCO)_2O \xrightarrow[②H_2O,H^+]{①LiAlH_4} 2RCH_2OH$$

$$RCOOR' \xrightarrow[②H_2O,H^+]{①LiAlH_4} RCH_2OH + R'OH$$

$$RCONH_2 \xrightarrow[②H_2O,H^+]{①LiAlH_4} RCH_2NH_2$$

酯还能被醇和金属钠还原而不影响到分子中的 C═C 双键，例如：

$$\underset{月桂酸甲酯}{CH_3(CH_2)_{10}COOCH_3} \xrightarrow{Na,C_2H_5OH} \underset{月桂醇}{CH_3(CH_2)_{10}CH_2OH} + CH_3OH$$

$$\underset{油酸丁酯}{CH_3(CH_2)_7CH{=}CH(CH_2)_7COOC_4H_9} \xrightarrow[C_2H_5OH]{Na} \underset{油醇}{CH_3(CH_2)_7CH{=}CH(CH_2)_7CH_2OH} + C_4H_9OH$$

此法可得到长碳链的醇。月桂醇（十二醇）是制造增塑剂及洗涤剂的原料。

3. 酯缩合反应

含有 α-H 的酯在强碱（一般是用乙醇钠）的作用下与另一分子酯发生缩合反应，失去一分子醇，生成 β-羰基酯的反应叫做酯缩合反应，又称为克莱森（Claisen）酯缩合。例如：

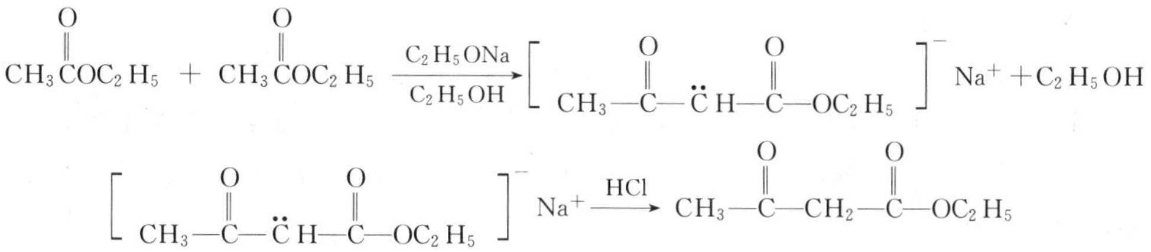

$$CH_3\overset{O}{\overset{\|}{C}}OC_2H_5 + CH_3\overset{O}{\overset{\|}{C}}OC_2H_5 \xrightarrow[C_2H_5OH]{C_2H_5ONa} \left[CH_3-\overset{O}{\overset{\|}{C}}-\ddot{C}H-\overset{O}{\overset{\|}{C}}-OC_2H_5 \right]^- Na^+ + C_2H_5OH$$

$$\left[CH_3-\overset{O}{\overset{\|}{C}}-\ddot{C}H-\overset{O}{\overset{\|}{C}}-OC_2H_5 \right]^- Na^+ \xrightarrow{HCl} CH_3-\overset{O}{\overset{\|}{C}}-CH_2-\overset{O}{\overset{\|}{C}}-OC_2H_5$$

乙酰乙酸乙酯（75%～76%）

$$2CH_3CH_2\overset{O}{\overset{\|}{C}}-OC_2H_5 \xrightarrow{C_2H_5ONa} CH_3CH_2\overset{O}{\overset{\|}{C}}-\underset{CH_3}{\underset{|}{C}H}-COOC_2H_5 + C_2H_5OH$$

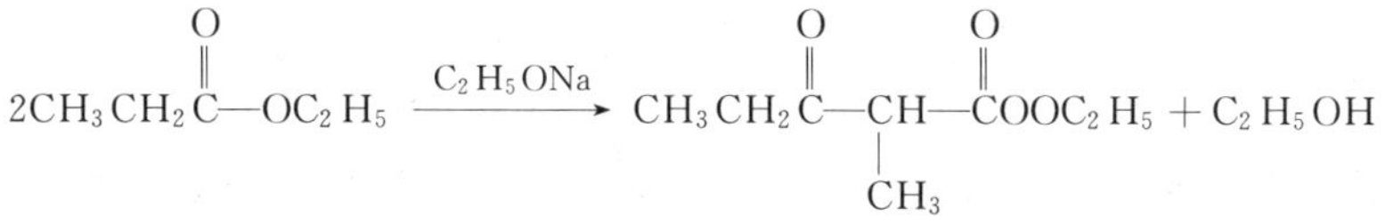

交叉酯缩合：两种不同的含有 α-H 的酯的酯缩合反应产物复杂。无 α-H 的酯与有 α-H 的酯的酯缩合反应产物简单，有合成价值。

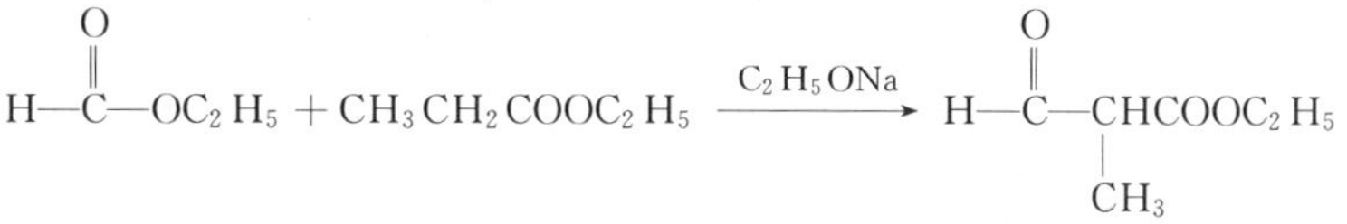

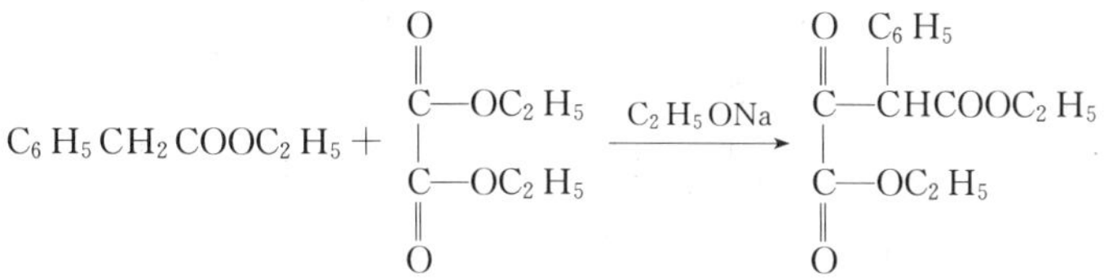

$$H-\overset{O}{\overset{\|}{C}}-OC_2H_5 + CH_3CH_2COOC_2H_5 \xrightarrow{C_2H_5ONa} H-\overset{O}{\overset{\|}{C}}-\underset{CH_3}{\underset{|}{C}H}COOC_2H_5$$

$$C_6H_5CH_2COOC_2H_5 + \begin{matrix} O \\ \| \\ C-OC_2H_5 \\ | \\ C-OC_2H_5 \\ \| \\ O \end{matrix} \xrightarrow{C_2H_5ONa} \begin{matrix} O \quad C_6H_5 \\ \| \quad\quad | \\ C-CHCOOC_2H_5 \\ | \\ C-OC_2H_5 \\ \| \\ O \end{matrix}$$

分子内酯缩合——狄克曼（Dieckmann）反应：己二酸酯和庚二酸酯在强碱的作用下发生分子内酯缩合，生成环酮衍生物的反应称为狄克曼反应。

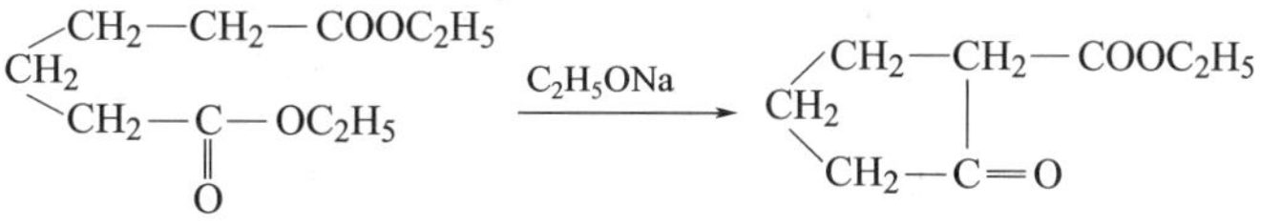

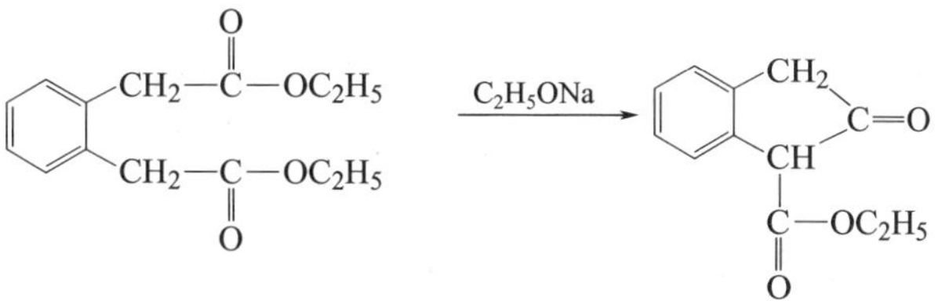

$$CH_2\begin{cases} CH_2-CH_2-COOC_2H_5 \\ CH_2-\underset{O}{\underset{\|}{C}}-OC_2H_5 \end{cases} \xrightarrow{C_2H_5ONa} CH_2\begin{cases} CH_2-CH-COOC_2H_5 \\ \quad\quad\;\, | \\ CH_2-C=O \end{cases}$$

$$C_6H_4\begin{cases} CH_2-\overset{O}{\overset{\|}{C}}-OC_2H_5 \\ CH_2-\underset{O}{\underset{\|}{C}}-OC_2H_5 \end{cases} \xrightarrow{C_2H_5ONa} C_6H_4\begin{cases} CH_2 \\ \quad\quad \rangle C=O \\ CH-\underset{O}{\underset{\|}{C}}-OC_2H_5 \end{cases}$$

缩合产物经酸性水解生成 β-羰基酸，β-羰基酸受热容易脱羧，最后产物是环酮。例如：

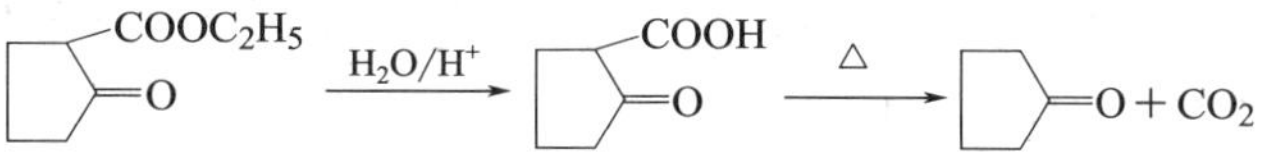

$$\text{2-乙氧羰基环戊酮}\ (COOC_2H_5, =O) \xrightarrow{H_2O/H^+} \text{2-羧基环戊酮}\ (COOH, =O) \xrightarrow{\triangle} \text{环戊酮}\ (=O) + CO_2$$

狄克曼反应是合成五元和六元碳环的重要方法。

【练一练】 用简单化学方法鉴别下列各组化合物：

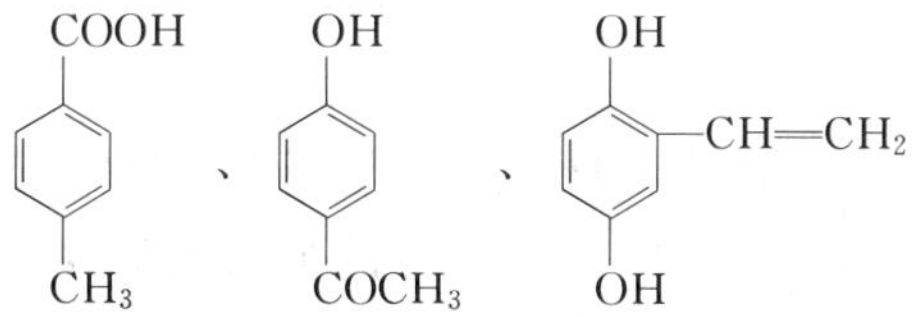

对甲基苯甲酸（COOH，CH_3）、对羟基苯乙酮（OH，$COCH_3$）、2-乙烯基对苯二酚（OH，$CH=CH_2$，OH）

4. 酰胺的特殊反应

(1) 弱碱性和弱酸性

胺是碱性物质，而酰胺一般是中性物质。酰胺分子中的酰基与氨基氮原子上未共用的电子对形成 p-π 共轭，由于酰基吸电子共轭效应的影响，使得氮原子上的电子云密度有所降低，因而减弱了碱性。

酰胺显弱碱性，与强酸生成不稳定的盐，遇水立即分解。例如：

$$CH_3CH_2\overset{\overset{O}{\|}}{C}—NH_2 + HCl \longrightarrow CH_3CH_2\overset{\overset{O}{\|}}{C}—NH_2 \cdot HCl$$

若 NH_3 的两个氢原子被酰基取代，生成的酰亚胺将显示弱酸性，它能与强碱的水溶液作用而生成盐。例如，邻苯二甲酰亚胺可与氢氧化钠生成邻苯二甲酰亚胺钠：

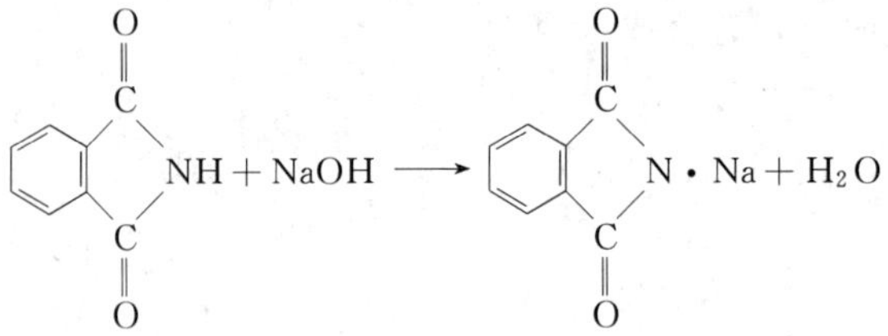

$$C_6H_4(CO)_2NH + NaOH \longrightarrow C_6H_4(CO)_2N \cdot Na + H_2O$$

邻苯二甲酰亚胺　　　邻苯二甲酰亚胺钠

邻苯二甲酰亚胺的盐与卤代烷作用得到 *N*-烷基邻苯二甲酰亚胺，后者被氢氧化钠溶液水解则生成伯胺：

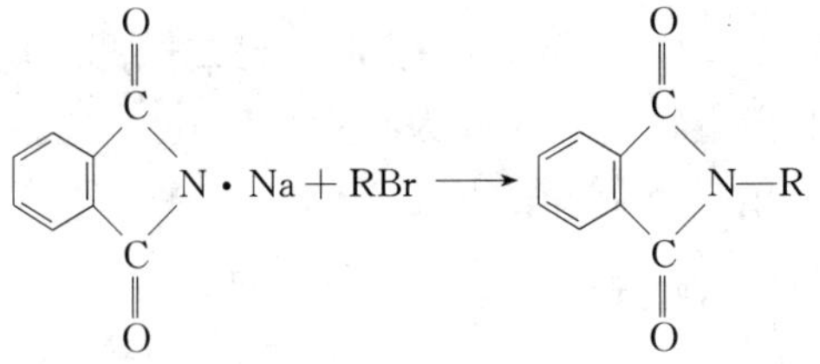

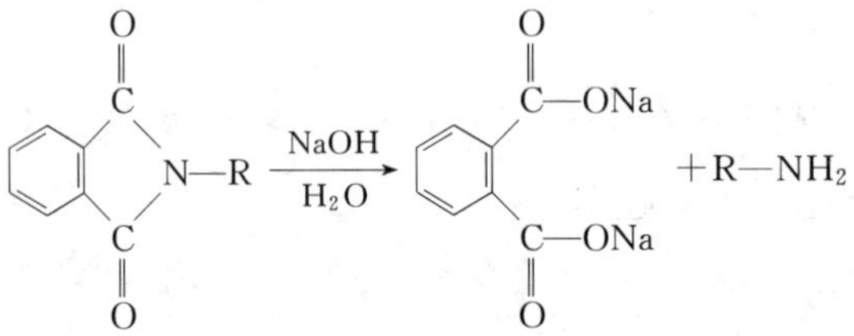

$$C_6H_4(CO)_2N \cdot Na + RBr \longrightarrow C_6H_4(CO)_2N—R$$

$$C_6H_4(CO)_2N—R \xrightarrow[H_2O]{NaOH} C_6H_4(\overset{\overset{O}{\|}}{C}—ONa)_2 + R—NH_2$$

(2) 脱水反应

酰胺在强脱水剂五氧化二磷、五氯化磷、亚硫酰氯或乙酸酐等的存在下加热，分子内脱水生成腈，这是制备腈的一种方法：

$$CH_3CH_2—\overset{\overset{O}{\|}}{C}—NH_2 \xrightarrow[\triangle]{P_2O_5} CH_3CH_2C\equiv N + H_2O$$

丁腈

(3) 霍夫曼降解反应

酰胺与次氯（或溴）酸钠溶液共热时，酰胺分子失去羰基转变为伯胺（RNH_2）。由于这个反应是霍夫曼（Hofmann）发现的，且制得的伯胺比原来的酰胺少一个碳原子，因此称为霍夫曼降解反应。例如：

$$CH_3CH_2\overset{\overset{\displaystyle O}{\|}}{C}-NH_2 \xrightarrow[\triangle]{4NaOH+Br_2} \underset{\text{乙胺}}{CH_3CH_2NH_2} + 2NaBr + Na_2CO_3 + 2H_2O$$

$$CH_3-\underset{\underset{\displaystyle CH_3}{|}}{CH}-\overset{\overset{\displaystyle O}{\|}}{C}-NH_2 \xrightarrow[\triangle]{4NaOH+Br_2} \underset{\text{异丙胺}}{CH_3\underset{\underset{\displaystyle NH_2}{|}}{CH}CH_3} + 2NaBr + Na_2CO_3 + 2H_2O$$

取代酰胺不能发生脱水反应和霍夫曼降解反应。

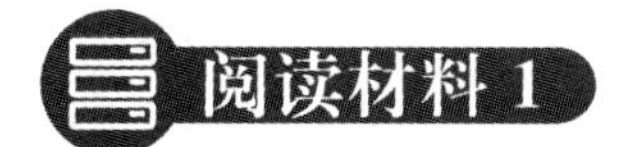

柠　檬　酸

柠檬酸作为有机酸中第一大酸，由于其特殊的物理性能、化学性能、衍生物的性能，是普遍应用于食品、医药、日化等行业最重要的有机酸。

1. 用于食品工业

柠檬酸有温和爽快的酸味，广泛用于各种饮料、汽水、葡萄酒、糖果、点心、饼干、罐头、果汁、乳制品等食品的制造。在所有有机酸的市场中，柠檬酸市场占有率达到70%以上，到目前还没有一种可以取代柠檬酸的酸味剂。一分子结晶水柠檬酸主要用作清凉饮料、果汁、果酱、水果糖等的酸性调味剂，也可用作食用油的抗氧化剂。同时改善食品的感官性状，增强食欲和促进体内钙、磷等物质的消化吸收。无水柠檬酸用于固体饮料。柠檬酸的盐类比如柠檬酸钙和柠檬酸铁是某些食品中需要添加钙离子和铁离子的强化剂。柠檬酸的酯类比如柠檬酸三乙酯可作无毒增塑剂，制造食品包装用塑料薄膜。柠檬酸是饮料和食品行业的酸味剂、防腐剂。

2. 用于化工、制药和纺织业

柠檬酸在化学技术方面可作化学分析用试剂，用作实验试剂、色谱分析试剂及生化试剂；用以配制缓冲溶液；用作络合剂、掩蔽剂。采用柠檬酸或柠檬酸盐类作助洗剂，可改善洗涤产品的性能，能够迅速沉淀金属离子，防止污染物重新附着在织物上，保持洗涤必要的碱性；使污垢和灰分散和悬浮；提升表面活性剂的性能，是一种优良的螯合剂；可用作测试建筑陶瓷瓷砖的耐酸性的试剂。

服装的甲醛污染已经是个非常敏感的问题，柠檬酸和改性柠檬酸可制成一种无甲醛防皱整顿剂，用于纯棉织物的防皱整理，不仅防皱效果好，而且成本低。

3. 用于环保

我国煤炭资源丰富，是构成能源的主要部分，但是一直缺乏有效的烟气脱硫工艺，导致大气 SO_2 污染严重。目前，我国 SO_2 年排放量已近4000万吨，研究有效的脱硫工艺，实为当务之急。柠檬酸-柠檬酸钠缓冲溶液由于其蒸气压低、无毒、化学性质稳定、对 SO_2 吸收率高等原因，是非常具有开发价值的脱硫吸收剂。

4. 用于禽畜生产

在仔猪饲料中添加柠檬酸，可以提早断奶，提高饲料利用率5%～10%，增加母猪产仔数量。在生长育肥猪口粮中添加1%～2%柠檬酸，可以提高日增重，降低料肉比，提高蛋白质消化率，降低背脂厚度，改善肉质和胴体特性。柠檬酸稀土是一种新型高效饲料添加剂，适用于鸡、鱼、虾、牛、羊、猪、兔等各种动物，具有促进动物生长，改善产品品质，提升抗病能力及成活率，提高饲料转化率，缩短饲喂周期等特点。

5. 用于化妆品

柠檬酸属于果酸的一种，主要作用是加快角质更新，经常用于乳液、洗发精、美白用品、抗老化用品、青春痘用品等。角质的更新有助于皮肤中黑色素的剥落，毛孔的细致，黑头的溶解等。

6. 用于杀菌

柠檬酸与80℃温度联合作用具有很好杀灭细菌芽孢的作用，并可有效杀灭血液透析机管路中污染的细菌芽孢。享有“西餐之王”美誉的柠檬具有非常强的杀菌作用，它对食品卫生很有好处，再加上柠檬的清香气味，人们喜欢用其制作凉菜，不仅美味爽口，也能增进食欲。

7. 用于医药

在凝血酶原激活物的形成及以后的凝血过程中，必须有钙离子参加。枸橼酸根离子与钙离子可以形成一种难以解离的可溶性络合物，因而降低了血中钙离子浓度，使血液凝固受阻。本品在输血或化验室血样抗凝时，用作体外抗凝药。

阅读材料2 山茶油

山茶油又名高山茶油、野山茶油、月子油、长命油等，多产于南方。因为其不饱和脂肪酸含量在90%以上，而且不含芥酸，所以，食用山茶油不仅不会令人体胆固醇增高，而且另有减肥、降血脂、防止血管硬化等保健作用。据《本草纲目》、《中华大药典》、《纲目拾遗》等记载，恒久食用山茶油，有“明目亮发、润肠通便、清热化湿、杀虫解毒”之功效，能“抗寒、抗癌、降温、降压”，又有“除癣疥、防蚊虫叮咬、除疣、防晒去皱”等功效。

山茶油的保健作用主要体现在“不聚脂”上。一般的食用油长期使用后，如果在体内未消化的话，就会转化为脂肪，并积聚于内脏及皮下组织，容易引起肥胖及其他疾病；而山茶油是一种“不聚脂”的健康食用油，精炼过的山茶油主要含两种脂肪酸，可以与十二指肠内之分解酶产生化学作用，在形成脂肪之前，已被输送到肝脏及肌肉，被水分及碳酸气分解并氧化掉，防止内脏及皮下脂肪的形成，有利于健康减肥。山茶油的另一优异之处是不易受剧毒致癌物质——黄曲霉毒 B_1 的污染，而花生油及其他草本植物油容易受严重污染。黄曲霉毒素 B_1 会引起肝脏癌变，长期食用带有此毒素的食用油会造成肝癌。

山茶油的另一优点是其烟点高，在烹煮过程中极少产生油烟及气味，不会残留任何气味在室内。精炼山茶油的烟点高达200～270℃，然而一般食用油只有100℃左右，较优质的油脂烟点也只能达到160℃。这就是在烹煮过程中，山茶油不易产生油烟而一般食用油则会产生大量油烟的原因。（注：烟点是指加热时能使油脂冒烟的最低温度）

某些食用油在高温烹炒时产生的油烟雾凝聚物，含有大量的氮氧化物、苯并芘等。苯并芘对人体有较强的致癌作用。尤其是菜籽油、豆油、胡麻油、葵花油、花生油、红花油等，在高温加热到烟点时，产生的油烟雾凝聚物能通过人体的呼吸作用被吸入肺内，可导致细胞染色体的损伤而发生肺癌。女士们长期在厨房里操劳，吸入的油烟雾凝聚物多了，容易得肺癌。

科学家对原核细胞、哺乳动物离体细胞和哺乳动物整体细胞进行了系统的实验研究，确认食用油油烟雾凝聚物的致癌可能性为93%。科学家们还发现，食用油中的不饱和脂肪酸，尤其是亚麻酸高热后的氧化分解产物，对油烟雾凝聚物的致变致癌性起着非常重要作用。而山茶油的亚麻酸含量可低至0.2%，大大减少了使用过程中的致病可能性。

保健价值及功效如下。

（1）助消化、祛水、养颜、明目

婴幼儿及儿童食用山茶油可利气、通便、消火、助消化，对增进骨骼等身材发育很有益处；老年人食用山茶油可去火、养颜、明目、乌发、抑制衰老；天天早晨空腹食一勺山茶油，轻松解决孕妇便秘；用10～15mg茶油加1/3量的蜂蜜，天天早晚各服一次，连服3～5天可治老年便秘。

（2）润肺、清热、解毒、消肿、止痛

茶油具有活血化瘀的效果，能消白、退肿，用于婴幼儿摔伤、碰伤，安全有效；用于婴儿尿疹、湿疹，山茶油可直接涂于患处，无不良反应。茶油能抗菌、抗病毒及杀微菌，能防备头癣、脱发、皮屑和止痒，可用于医治烫伤、烧伤及体癣、缓性干疹等。也可直接涂抹以防蚊虫叮咬，浓的茶油可以来除疣。

（3）促进胎儿发育、催乳

孕妇正在孕期食用山茶油不但能够增添母乳，并且对胎儿的发育非常有益；产妇临蓐后食用，既补身体，又能让伤口早日愈合。

（4）预防多种疾病

食用山茶油可预防高血压、预防脑血管疾病、抑止动脉粥样硬化，降低胆固醇、除去体内脂质超氧化物。轻敷山茶油于肝脏部位，可消腹部胀气。

本章小结

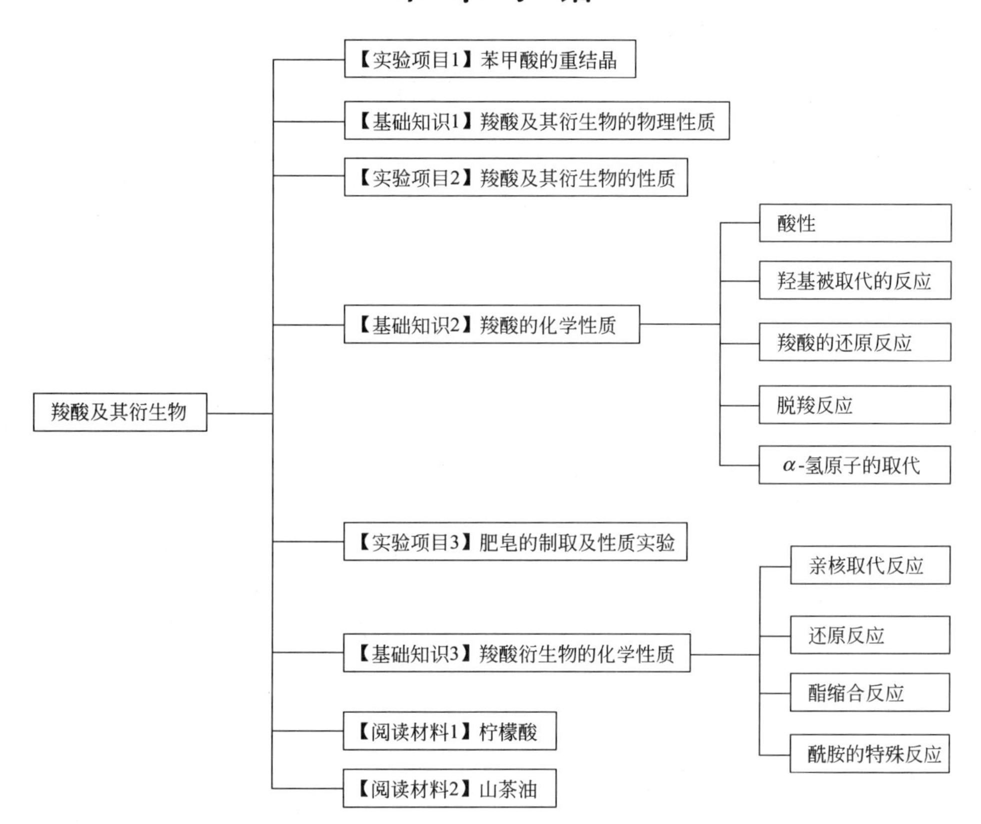

课后习题

1. 用系统命名法命名下列化合物。

（1）$(CH_3)_2CHCOOH$　（2）邻羟基苯甲酸结构（苯环上连 COOH 和 OH）　（3）$CH_3CH=CHCOOH$　（4）CH_3CHCH_2COOH（2位连 Br）

（5）$CH_3CH_2CH_2COCl$　（6）$CH_3CH_2COOC_2H_5$　（7）苯环连 $CONH_2$

2. 用简单化学方法鉴别下列各组化合物。

（1）$\underset{COOH}{\overset{COOH}{|}}$ 与 $\underset{CH_2COOH}{\overset{CH_2COOH}{|}}$　（2）苯环上连 COOH 和 OCH_3（邻位）与苯环上连 $COOCH_3$ 和 OH（邻位）

(3) $(CH_3)_2CHCH=CHCOOH$ 与 环戊基-COOH　(4) 对甲基苯甲酸（COOH / CH_3）、对羟基苯乙酮（OH / $COCH_3$）与 2-乙烯基-1,4-苯二酚（OH / $CH=CH_2$ / OH）

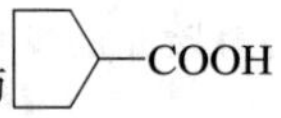

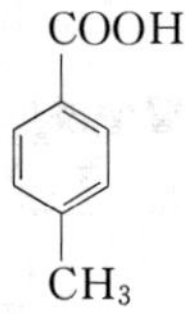

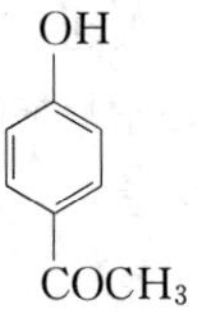

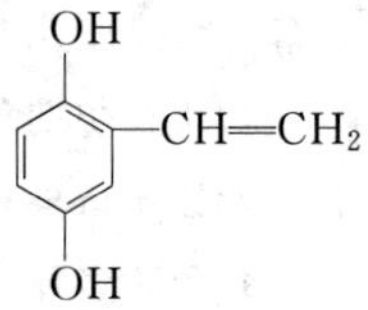

3. 怎样将己醇、己酸和对甲苯酚的混合物分离得到各种纯的组分？

4. 化合物 A，分子式为 $C_4H_6O_4$，加热后得到分子式为 $C_4H_4O_3$ 的 B，将 A 与过量甲醇及少量硫酸一起加热得分子式为 $C_6H_{10}O_4$ 的 C。B 与过量甲醇作用也得到 C。A 与 $LiAlH_4$ 作用后得分子式为 $C_4H_{10}O_2$ 的 D。写出 A、B、C、D 的结构式以及它们相互转化的反应式。

胺

1. 掌握苯胺的制备方法与其性质
2. 了解苯胺的来源、用途
3. 了解乙酰苯胺的制备

能力目标

1. 熟练掌握普通蒸馏与水蒸气蒸馏
2. 小组成员间的团队协作能力
3. 培养学生的动手能力和安全生产的意识

生活常识 冰 毒

冰毒，即兴奋剂甲基苯丙胺，因其原料外观为纯白结晶体，晶莹剔透，故被吸毒、贩毒者称为“冰”。由于它的毒性剧烈，人们便称之为“冰毒”。“冰毒”的滥用者，采用静脉注射的目的是为了捕捉和感受一种短暂即逝的强烈快感或兴奋，这种体验对滥用者的求药行为起着正性强化作用。快感过后，取而代之的是一种严重抑郁、疲劳和激怒，这是一种痛苦的体验，这种痛苦与再次寻味“快感”的强烈欲望相交织，导致强迫性用药行为。这种使用毒品方式，极易导致精神病状态，表现出活动过度、情感冲动、野蛮、妄想、偏执狂、幻觉，甚至有杀人倾向。

实验项目1 苯胺的制备

【任务描述】

学会在实验室内制备苯胺，熟练掌握普通蒸馏、水蒸气蒸馏、萃取等操作。

【教学器材】

多媒体实验室、500mL 圆底烧瓶、铁架台、分液漏斗、蒸馏瓶、冷凝管、石棉网。

【教学药品】

还原铁粉、硝基苯、蒸馏水、冰醋酸、乙醚、食盐、固体氢氧化钠。

【组织形式】

每三个同学为一实验小组，根据老师给出的引导步骤，自行完成实验。

【注意事项】

(1) 苯胺有毒，操作时应避免与皮肤接触或吸入其蒸气。若不慎触及皮肤时，应先用水冲洗，再用肥皂和温水洗涤。

(2) 硝基苯为黄色油状物，如果回流液中黄色油状物消失而转变成乳白色油珠（由于游离苯胺引起），表示反应已完成。

(3) 在 20℃时，每 100mL 水可溶解 3.4g 苯胺，为了减少苯胺损失，根据盐析原理，加入氯化钠使馏出液饱和，原来溶于水中的绝大部分苯胺就呈油状物析出，浮于食盐水之上。

(4) 该反应强烈放热，反应放出的热足以使溶液沸腾，故加入硝基苯时，不需要加热。

(5) 反应物硝基苯与冰醋酸互不相溶，这两种固体与铁粉接触机会又少，因此需要经常振荡反应混合液，使还原作用完全，否则残留在反应液中的硝基苯，在以下几步提纯过程中很难分离，因而影响产品纯度。反应完成后，圆底烧瓶壁上初附的黑褐色物质，可用 1∶1（体积比）冰醋酸水溶液温热除去。

(6) 铁粉加水和醋酸回流的目的是使铁粉活化，缩短反应时间。铁-醋酸作为还原剂时，铁粉首先与醋酸作用，产生醋酸亚铁，它实际是主要的还原剂，在反应中进一步被氧化生成碱式醋酸铁。碱式醋酸铁与铁及水作用后生成醋酸亚铁，和醋酸可以再起上述反应。所以总的看来，反应中主要是水作为供质子剂提供质子，铁提供电子完成还原反应。

(7) 纯苯胺为无色液体，但在空气中由于氧化而呈淡黄色，加入少许锌粉重新蒸馏，可去掉颜色。

【实验步骤】

在 500mL 圆底烧瓶中加入 27g（0.48mol）还原铁粉、50mL 水及 3mL（0.05mol，3.1g）冰醋酸，振荡使之充分混合。装上回流冷凝管，小火加热煮沸约 10min，移去热源待稍冷后，从冷凝管顶端分批加入 15.5mL（0.15mol，18.6g）硝基苯，每次加完后要用力振摇，使反应物充分混合。加完后，将反应物加热回流 0.5h，并时常摇动，使还原反应完全，此时，冷凝管回流液应不再呈现硝基苯的黄色。

将反应装置改为水蒸气蒸馏装置，进行水蒸气蒸馏，至馏出液变清，再多收集 20mL 馏出液，共需收集约 150mL。将馏出液转入分液漏斗，分出有机层，水层用食盐饱和（需 35～40g 食盐）后，每次用 20mL 乙醚萃取 3 次。合并苯胺层和醚萃取液，用粒状氢氧化钠干燥。

将干燥后的苯胺醚溶液进行蒸馏，先蒸去乙醚，然后将剩余的溶液转移到 25mL 干燥的蒸馏瓶中，改用空气冷凝管蒸馏，收集 180～185℃馏分，产量 9～10g（产率为 64.4%～71.6%）。

【任务解析】

芳香胺的制取不可能在苯环上直接导入氨基，而是间接制取。用硝基苯在酸性介质中还原是制备芳香胺的主要方法。实验室常用的还原剂有铁-盐酸、铁-醋酸、锡-盐酸、锌-盐酸等。其中锡-盐酸的还原速率较快，产率较高，但锡价格贵，同时耗盐酸和氢氧化钠多；Fe作为还原剂的反应时间较长，但成本低廉，如用醋酸代替盐酸，还原时间能显著缩短，但是所需Fe的量大大增加。Fe作为还原剂曾在工业上广泛应用，但因残渣铁泥难以处理，并污染环境，已被催化氢化代替。本实验以硝基苯为原料，铁-醋酸为还原剂合成苯胺。

$$4C_6H_5NO_2 + 9Fe + 4H_2O \xrightarrow{H^+} 4C_6H_5NH_2 + 3Fe_3O_4$$

纯苯胺为无色液体，沸点为184.1℃，$d_4^{20}=1.0217$，$n_D^{20}=1.5863$。

【想一想】 1. 有机物具备什么性质，才能采用水蒸气蒸馏提纯？本实验为何选择水蒸气蒸馏法把苯胺从反应混合物中分离出来？

2. 在水蒸气蒸馏完毕时，先灭火焰，再打开T形管下端弹簧夹，这样做行吗？为什么？

胺的分类与命名

氨分子中的一个或几个氢原子被烃基取代后的化合物称为胺，$-NH_2$称为氨基，$-NH-$称为亚氨基。

一、胺的分类

1. 根据与氮原子相连的烃基的个数分为伯胺、仲胺、叔胺

1个氢原子被烃基取代称为伯胺，如CH_3NH_2（甲胺）；2个氢原子被烃基取代称为仲胺，如CH_3NHCH_3（二甲胺）；3个氢原子被烃基取代称为叔胺，如$(CH_3)_3N$（三甲胺）。

伯胺、仲胺、叔胺是按氨分子中氢原子被取代的个数分类，与前面的卤代烃、醇等的伯、仲、叔含义不同。例如：

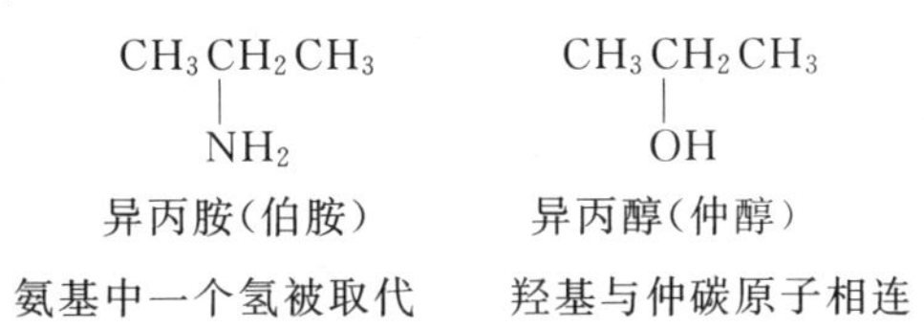

2. 根据氮原子所连烃基的类型分为脂肪胺和芳香胺

例如：$CH_3CH_2NH_2$（乙胺）　　$C_6H_5-NH_2$（苯胺）

脂肪胺　　芳香胺

3. 根据分子中氨基的数目分为一元胺和多元胺

分子中只含有一个氨基的胺称为一元胺，分子中含有两个或两个以上氨基的胺称为多元胺。例如：$CH_3(CH_2)_4CH_2NH_2$（己胺）为一元胺；$NH_2-CH_2(CH_2)_4CH_2-NH_2$（己二胺）为二元胺。

二、胺的命名

1. 简单胺的命名

根据所连烃基来命名。例如：

CH_3NH_2　　$CH_3CH_2NH_2$　　C_6H_5—NH_2

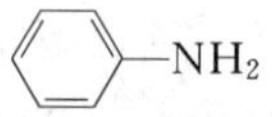

甲胺　　乙胺　　苯胺

氮原子连有 2 个或 3 个相同的烃基时，用中文数字表示出烃基的数目。例如：

CH_3NHCH_3　　$(CH_3)_3N$　　C_6H_5—NH—C_6H_5

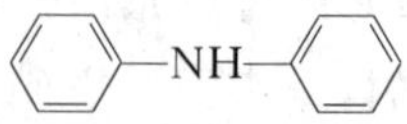

二甲胺　　三甲胺　　二苯胺

如果所连烃基不同时，则简单基团在前面复杂的在后面。例如：

$CH_3NHCH(CH_3)_2$　　$CH_3CH_2NHC(CH_3)_3$

甲异丙胺　　乙叔丁胺

2. 复杂胺的命名

对于结构比较复杂的胺，常以烃或其他官能团作母体，把氨基作为取代基来命名。例如：

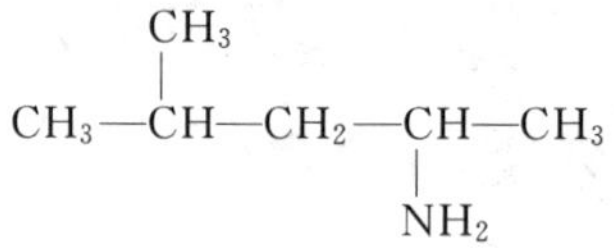

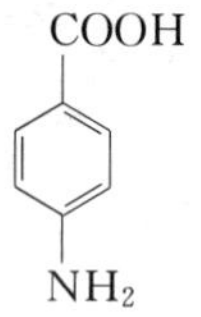

CH_3—CH(CH_3)—CH_2—CH(NH_2)—CH_3　　H_2N—C_6H_4—COOH

2-甲基-4-氨基戊烷　　对氨基苯甲酸

3. 氮原子上连有脂肪烃基的芳仲胺和芳叔胺的命名

以苯胺为母体，将脂肪烃基用“*N*-”，以表示烃基连在氮原子上。例如：

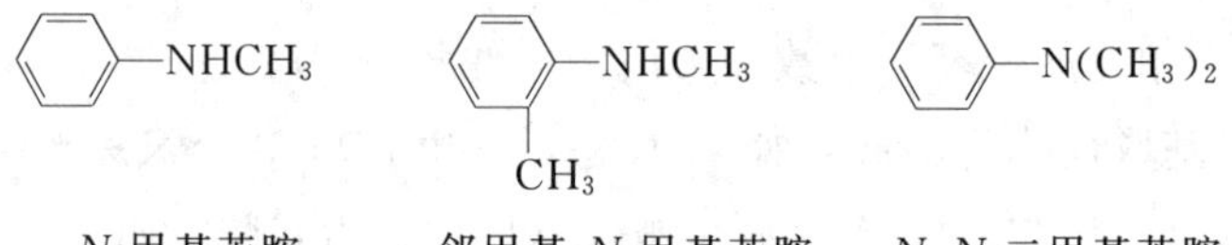

N-甲基苯胺　　邻甲基-*N*-甲基苯胺　　*N*,*N*-二甲基苯胺

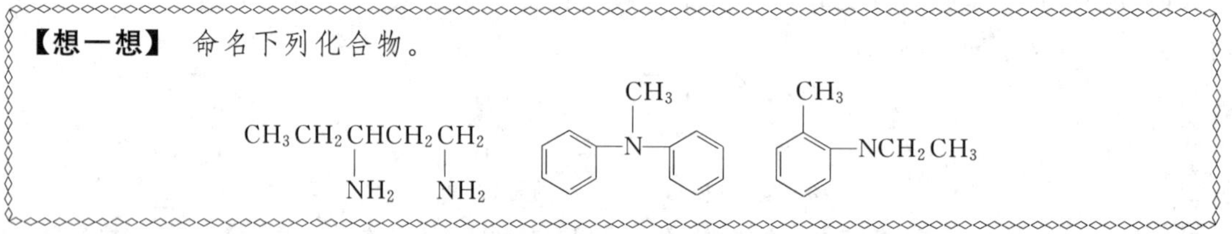

基础知识 2　胺的物理性质

脂肪胺中甲胺、二甲胺、三甲胺和乙胺在常温下是气体，3～11 个碳原子的胺为液体，12 个碳原子以上的胺是固体。

低级胺溶于水，高级胺不溶于水。由于伯胺和仲胺能形成分子间氢键，比相对分子质量相近的烷烃沸点高；叔胺分子间不能形成氢键，因此比相对分子质量相近的伯胺和仲胺沸点低，而与相对分子质量相近的烷烃相近似。低级胺的气味与氨相似，有的还有鱼腥味，高级胺几乎没有气味。

芳香胺是无色液体或固体，它们都具有特殊的臭味和毒性，长期吸入苯胺蒸气会使人中毒。芳香胺还可以通过皮肤吸收导致中毒。常见胺的物理常数见表 9-1。

表 9-1 常见胺的物理常数

名 称	熔点/℃	沸点/℃	溶解度/g·(100g 水)$^{-1}$
甲胺	−92	−7.5	易溶
二甲胺	−96	7.5	易溶
三甲胺	−117	3	91
乙胺	−80	17	∞
二乙胺	−39	55	易溶
三乙胺	−115	89	14
正丙胺	−83	49	∞
异丙胺	−101	34	∞
正丁胺	−50	78	易溶
环己胺		134	微溶
苄胺		185	∞
乙二胺	8	117	溶
己二胺	42	204	易溶
苯胺	−6	184	3.7
N-甲基苯胺	−57	196	难溶
N,*N*-二甲基苯胺	3	194	1.4
二苯胺	53	302	不溶
三苯胺	127	365	不溶
邻苯二胺	104	252	3
间苯二胺	63	287	25
对苯二胺	142	267	3.8
联苯胺	127	401	0.05
α-萘胺	50	301	难溶
β-萘胺	110	306	不溶

乙酰苯胺的制备

【任务描述】

学会在实验室内制备乙酰苯胺，熟练掌握空气冷凝回流的方法和操作，熟悉重结晶法提纯固体有机物。

【教学器材】

多媒体实验室、圆底烧瓶、韦氏分馏柱、蒸馏头、温度计、锥形瓶、加热套、蒸馏头支管、烧杯、玻璃棒、布氏漏斗、量筒、吸滤瓶、表面皿等。

【教学药品】

苯胺、冰醋酸、锌粉、活性炭。

【组织形式】

每三个同学为一实验小组，根据老师给出的引导步骤，自行完成实验。

【注意事项】

（1）苯胺久置后由于氧化而带有颜色，会影响乙酰苯胺的质量，故需要采用新蒸馏的无色或淡黄色的苯胺。并且苯胺有毒，不要吸入其蒸气或接触皮肤。

（2）锌粉的作用是防止苯胺氧化，同时起着沸石的作用，故本实验不另加沸石。但不能加得过多，否则在后处理中会出现不溶于水的氢氧化锌。

(3) 反应物冷却后，固体产物立即析出，粘在瓶壁不易处理。故须趁热在搅动下倒入冷水中，以除去过量的醋酸及未反应的苯胺（它可成为苯胺醋酸盐而溶于水）。

(4) 在加入活性炭时，一定要等溶液稍冷后才能加入。不要在溶液沸腾时加入活性炭，否则会引起突然暴沸，致使溶液冲出容器。

(5) 油珠是熔融状态的含水乙酰苯胺，因其密度大于水，故沉降于器底。

(6) 乙酰苯胺于不同温度在 100mL 水中的溶解度为：25℃，0.569g；80℃，3.5g；100℃，5.2g。在以后各步加热煮沸时，会蒸发掉一部分水，需随时补加热水。本实验重结晶时水的用量最好使溶液在 80℃左右为饱和状态。

(7) 事先将布氏漏斗用铁夹夹住，倒悬在沸水浴上，利用水蒸气进行充分预热。这一步如果没有做好，乙酰苯胺晶体将在布氏漏斗内析出，引起操作上的麻烦和造成损失。吸滤瓶应放在水浴中预热，切不可直接放在石棉网上加热。

【实验步骤】

1. 酰化

在 50mL 的圆底烧瓶（或锥形瓶）中加入 5mL（0.06mol，6g）新蒸馏苯胺、7.5mL（0.13mol，7.8g）冰醋酸以及少许锌粉（约 0.1g），装上一支短的韦氏分馏柱，顶端插上蒸馏头和温度计，蒸馏头支管直接和接液管相连，用锥形瓶（或量筒）收集馏出液，如图 9-1 所示。

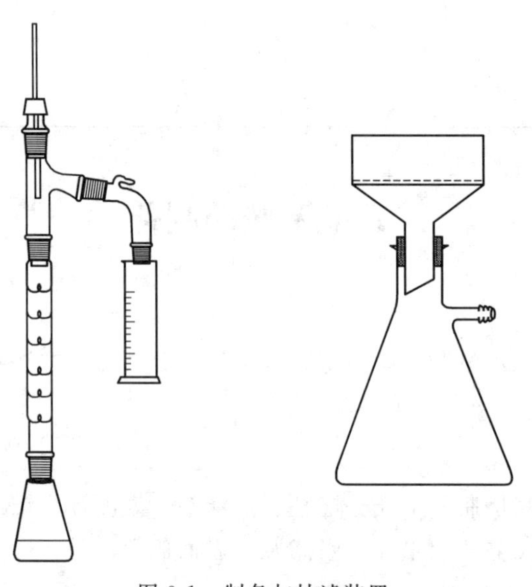

图 9-1 制备与抽滤装置

用加热套小火加热反应瓶，至反应物沸腾，调节加热温度，保持温度在 105℃左右，反应 40～60min 后，反应中生成的水（含少量乙酸）可完全蒸出。当温度计的读数发生上下波动时（有时反应容器中出现白雾），说明反应已经终止，应停止加热。

2. 结晶抽滤

在不断搅拌下将反应混合物趁热倒入盛有 100mL 冷水的烧杯中，用玻璃棒充分搅拌，冷却至室温，使乙酰苯胺结晶成细颗粒状完全析出。用布氏漏斗抽滤析出的固体，并用 5～10mL 冷水洗涤以除去残留的酸液。

3. 重结晶

将所得粗产品移入盛有 100mL 热水的烧杯中，加热煮沸，使之完全溶解，若有未溶解的油珠，可再补加一些热水，直至油珠完全溶解。停止加热，待稍冷后加入约 0.5g 粉末活性炭，在搅拌下再次加热煮沸 2～3min，然后趁热用保温漏斗过滤或用预先加热好的布氏漏斗减压过滤。将滤液冷却至室温，得到白色片状结晶。减压过滤，尽量挤压以除去晶体中的水分。将产品移至一个预先称重的表面皿中，晾干或在 100℃以下烘干，产量约为 5g（产率约 61.6%）。

【任务解析】

乙酰苯胺可通过苯胺与乙酸氯、醋酸酐和冰醋酸等酸化试剂作用制备。其中乙酰氯反应最剧烈，醋酸酐次之，冰醋酸最慢。由于乙酰氯、醋酸酐与苯胺反应过于剧烈，而冰醋酸与苯胺反应比较平稳，容易控制，且价格也最为便宜，故本实验采用冰醋酸作酰基化试剂。反应方程式为：

$$CH_3COOH + C_6H_5NH_2 \rightleftharpoons C_6H_5NHCOCH_3 + H_2O$$

由于该反应是可逆的，故在反应时一方面加入过量的冰醋酸，一方面及时除去生成的水来提高产率。

乙酰苯胺为白色片状固体，沸点为 304℃，熔点为 114.3℃。

也可用一空气冷凝管，冷凝管上端装一温度计和玻璃弯管，玻璃弯管再连接试管，接收馏出液。

【想一想】 欲得产量较多的乙酰苯胺应注意哪些操作？

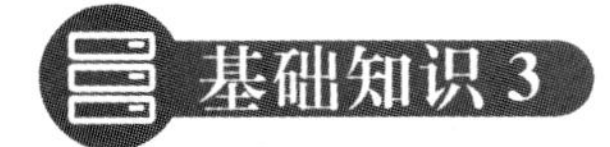

胺的化学性质

一、碱性

胺与氨相似，水溶液显碱性。这是因为胺分子中的氮原子上有未共用的孤对电子，可以结合水中的氢离子，从而释放出氢氧根离子。一般是弱碱，脂肪胺的 $pK_b=3\sim5$，水溶液中碱性强弱顺序为：$(CH_3)_2NH > CH_3NH_2 > (CH_3)_3N > NH_3$；芳香胺的 $pK_b=7\sim10$（氨的 $pK_b=4.75$），碱性强弱顺序为：$ArNH_2 > Ar_2NH > Ar_3N$。

胺与强酸反应生成胺盐：

$$CH_3NH_2 + HCl \longrightarrow CH_3NH_3Cl$$

生成的盐一般是有一定熔点的结晶性固体，易溶于水而不溶于有机溶剂，并且遇到强碱时又能游离出胺来。这个性质可用于胺的鉴别、分离和提纯。

二、烃基化反应

胺与卤代烷、醇等反应能在氮原子上引入烃基，称为胺的烃基化反应。此反应可用于工业上生产胺类。

伯胺与卤代烷反应，生成仲胺、叔胺和季铵盐的混合物。例如：

$$C_6H_5CH_2NH_2 + CH_3I \xrightarrow[60\sim70℃]{C_2H_5OH} \underset{15\%}{C_6H_5CH_2NHCH_3} + \underset{45\%}{C_6H_5CH_2N(CH_3)_2} + \underset{10\%}{[C_6H_5CH_2\overset{+}{N}(CH_3)_3]I^-}$$

控制反应物的配比和反应条件，可得到以某种胺为主的产物。当氮原子上连接 4 个烃基时，叫季铵化合物，分为季铵盐和季铵碱。季铵盐和季铵碱都是离子型化合物，白色的结晶固体，碱性非常强，与氢氧化钠相似。

芳胺烃基化的活性低于脂肪胺，在硫酸等催化剂存在下，芳胺能与醇发生反应。例如：

$$C_6H_5NH_2 + 2CH_3OH \xrightarrow[210\sim215℃,3\sim3.5MPa]{H_2SO_4} C_6H_5N(CH_3)_2 + 2H_2O$$

这是工业上合成 *N*,*N*-二甲基苯胺的方法。如果苯胺和甲醇的摩尔比为 1∶1.2，可合成 *N*-甲基苯胺。

芳胺与卤代烷反应时，有卤化氢产生，为防止卤化氢与芳胺成盐，使反应困难，在烃基化时要加入一定量的碱。例如：

$$m\text{-}NaO_3SC_6H_4NH_2 + 2CH_3CH_2Cl + 2NaOH \xrightarrow[125℃]{C_2H_5OH} m\text{-}NaO_3SC_6H_4N(C_2H_5)_2 + 2NaCl + 2H_2O$$

三、酰基化反应

伯胺、仲胺与酰氯、酸酐、羧酸等反应，氨基上的氢原子被酰基取代，生成 *N*-取代酰胺。这类反应称为胺的酰基化反应，例如：

$$RNH_2 \xrightarrow[\text{或}\ (R'CO)_2O]{R'COCl} RNHCOR'$$

$$ArNH_2 \xrightarrow[\text{或}\ (R'CO)_2O]{R'COCl} RNHCOR'$$

$$R_2NH \xrightarrow{R'COCl} R_2NCOR'$$

$$C_6H_5NHCH_3 \xrightarrow{CH_3COCl} C_6H_5N(CH_3)COCH_3$$

叔胺的氮原子上没有可取代的氢，所以不发生酰基化反应。

胺酰基化后生成的 *N*-取代酰胺都是有确定的熔点的晶体，所以通过酰基化反应可以从伯胺、仲胺、叔胺的混合物中分离出叔胺，也可以区分它们。

胺的酰基化产物在强酸或强碱的水溶液中加热易水解生成原来的胺，所以芳胺酰基化反应在有机合成中有广泛的应用，先把芳胺酰基化，再进行其他反应，然后水解恢复为原来的氨基，起到保护氨基的作用。

四、与亚硝酸反应

胺极易与亚硝酸反应，并且伯胺、仲胺、叔胺与亚硝酸反应的产物都不同，现象也不一样，所以可以用于鉴别伯胺、仲胺和叔胺。

1. 伯胺与亚硝酸反应

脂肪族伯胺与亚硝酸反应，生成不稳定的重氮盐。即使在低温下，重氮盐也易分解放出氮气。重氮盐的放氮反应是定量的，可用于某些脂肪族伯胺的定量分析。

$$RCH_2CH_2NH_2 \xrightarrow[\text{低温}]{NaNO_2+HCl} \underset{\text{重氮盐}}{RCH_2CH_2\overset{+}{N_2}Cl^-} \xrightarrow{\text{分解}} RCH_2\overset{+}{C}H_2 + N_2 + Cl^-$$

芳伯胺与亚硝酸在低温下（<5℃）反应，生成的重氮盐较为稳定，此反应称为重氮化反应。生成的重氮盐受热，也会放出氮气。

$$C_6H_5-NH_2 \xrightarrow[0\sim5℃]{NaNO_2+HCl} C_6H_5-N_2^+Cl^- + 2H_2O + NaCl$$

氯化重氮苯

$$C_6H_5-N_2^+Cl^- \xrightarrow[\triangle]{H_2O} C_6H_5-OH + N_2 + HCl$$

2. 仲胺与亚硝酸反应

仲胺与 HNO_2 反应，生成黄色油状液体的 *N*-亚硝基胺（亦称亚硝胺），是一种很强的致癌物。*N*-亚硝胺与稀酸共热，可分解生成仲胺：

$$R_2NH \xrightarrow{NaNO_2+HCl} R_2N-N=O + H_2O$$

N-亚硝基胺(黄色油状物)

3. 叔胺与亚硝酸反应

脂肪族叔胺与 HNO_2 作用生成不稳定的亚硝酸盐。

芳叔胺与亚硝酸反应，亚硝基取代苯环上对位的氢原子，生成对亚硝基胺：

$$C_6H_5-N(CH_3)_2 \xrightarrow[8℃]{NaNO_2+HCl} \xrightarrow{NaOH} O=N-C_6H_4-N(CH_3)_2$$

绿色固体(80%～89%)

五、芳胺环上的取代反应

芳胺是一类很重要的化合物，由于氨基与苯环直接相连，表现出一些特殊的化学性质。

1. 氧化反应

芳胺很容易氧化，尤其是伯芳香胺。例如，新蒸馏的纯苯胺是无色的，但暴露在空气中很快就变成黄色，然后变成红棕色。用氧化剂处理苯胺时，生成复杂的混合物。在一定的条件下，苯胺的氧化产物主要是对苯醌。

$$C_6H_5NH_2 \xrightarrow[H_2SO_4,10℃]{MnO_2} O=C_6H_4=O$$

2. 卤化反应

苯胺在水溶液中很容易与卤素发生卤化反应，例如，溴化生成的三溴苯胺是白色沉淀，反应很灵敏，并可定量完成，常用于苯胺的定性鉴别和定量分析。

$$C_6H_5NH_2 + 3Br_2 \xrightarrow{H_2O} 2,4,6\text{-}Br_3C_6H_2NH_2 + 3HBr$$

2,4,6-三溴苯胺(白↓)

反应很难控制在一取代，若要制备一取代的苯胺，则应先降低苯胺的活性，再进行溴代，例如：

$$C_6H_5NH_2 \xrightarrow{(CH_3CO)_2O} C_6H_5NHCOCH_3 \xrightarrow[CH_3COOH]{Br_2} p\text{-}Br-C_6H_4-NHCOCH_3 \xrightarrow[OH^-]{H_2O} p\text{-}Br-C_6H_4-NH_2$$

与反应活性低的碘反应只能得到对位的一取代产物。

3. 磺化反应

苯胺与硫酸混合时，生成苯胺的硫酸盐。例如，在180℃下苯胺与硫酸生成对氨基苯磺酸。对氨基苯磺酸分子内同时具有酸性的磺酸基和碱性的氨基，故可以中和生成盐。这种在分子内形成的盐称为内盐。

4. 硝化反应

芳伯胺直接硝化易被硝酸氧化，必须先把氨基保护起来（乙酰化或成盐），然后再进行硝化。

NH_2
$(CH_3CO)_2O$
$NHCOCH_3$
HNO_3
在乙酸中
$NHCOCH_3$
NO_2
（主要产物）
OH^-/H_2O
NH_2
NO_2
HNO_3
在乙酸酐中
$NHCOCH_3$
$-NO_2$
（主要产物）
OH^-/H_2O
NH_2
$-NO_2$

阅读材料1 重要的胺

一、甲胺、二甲胺、三甲胺

甲胺是最简单的伯胺。它是无色气体，有很强烈的鱼腥味，有毒，空气中允许浓度10μg·m^{-3}，熔点为－92℃，沸点为－7.5℃；溶于水、乙醇和乙醚；可燃，其蒸气能与空气形成爆炸性混合物，爆炸极限4.95%～20.75%（体积分数）。市售品一般是其甲醇、乙醇、四氢呋喃或水溶液，或作为无水气体在金属罐中加压贮存。工业品常将无水气体加压后通过拖车运输。甲胺被用作合成很多其他化合物的原材料，每年大约能生产上亿千克。甲胺主要用于制造农药、医药等。

二甲胺是无色可燃气体或液体，有毒，空气中允许浓度10mg·m^{-3}，爆炸极限2.80%～14.40%（体积分数），熔点为－96℃，沸点为7.5℃；高浓度或压缩液化时，具有强烈的令人不愉快的氨臭，浓度极低时有鱼油的恶臭；溶于水、乙醇和乙醚。二甲胺主要用于主要用作橡胶硫化促进剂、皮革去毛剂、医药（抗菌素）、农药（福美双、杀虫脒、灭草隆等除草剂）、纺织工业溶剂、染料、炸药、推进剂及二甲肼、*N*,*N*-二甲基甲酰胺等有机中间体的原料。

三甲胺是无色的气体，高浓度时有氨味，低浓度时有鱼腥味，熔点为－117℃，沸点为3℃，溶于水、乙醇和乙醚；遇明火、高热易引起燃烧爆炸，空气中允许浓度10μg·m^{-3}；爆炸极限2.00%～11.60%（体积分数）。三甲胺是强碱性阴离子交换树脂的胺化剂，也用于制造表面活性剂等。三甲胺对人体的主要危害是对眼、鼻、咽喉和呼吸道的刺激作用。浓三甲胺水溶液能引起皮肤剧烈的烧灼感和潮红，洗去溶液后皮肤上仍可残留点状出血。长期接触感到眼、鼻、咽喉干燥不适。

二、苯胺

苯胺是无色油状液体，在空气中会逐渐变为深棕色，久之则变为棕黑色，有特殊气味，熔点为－6℃，沸点为184℃；微溶于水，能溶于醇及醚；空气中允许浓度5mg·m^{-3}，爆炸极限1.3%～11%（体积分数）。苯胺对血液和神经的毒性非常强烈，可经皮肤吸收或经呼吸道引起中毒。苯胺主要从硝基苯还原制得。

苯胺是有机化工原料，主要用于医药和橡胶硫化促进剂，也是制造树脂和涂料的原料。

三、萘胺

1. α-萘胺

α-萘胺是无色针状晶体，在空气中氧化逐渐变为浅棕色，应避光密封保存；有令人不愉快的气味；熔点为50℃，沸点为301℃，易升华；相对密度为1.1229（25℃/25℃）；难溶于水，能溶于醇和醚；有毒，空气中允许浓度1mg·m^{-3}。

α-萘胺由α-硝基萘还原制得。α-萘胺主要用于制造染料中间体，也可用来制造农药、橡胶防老剂等。

2. β-萘胺

β-萘胺是无色至淡红色有光泽的片状晶体；熔点为110℃，沸点为306℃，相对密度为1.0614（98℃/4℃）；不溶于冷水，溶于热水、乙醇、乙醚；能随水蒸气挥发，应避光密封保存。萘胺可经皮肤吸收，生成高铁血红蛋白，造成血液中毒。

将β-萘酚与氨水，在亚硫酸铵存在下，经加压、加热制得β-萘胺。β-萘胺主要用于制造染料中间体。

两种萘胺均已证明为致癌物质，其中β-萘胺是烈性致癌剂，主要导致膀胱癌。

阅读材料2　毒　品

毒品一般是指使人形成瘾癖的药物，这里的药物一词是个广义的概念，主要指吸毒者滥用的鸦片、海洛因、冰毒等，还包括具有依赖性的天然植物、烟、酒和溶剂等，与医疗用药物是不同的概念。

一、传统毒品种类

1. 鸦片

鸦片又叫阿片，俗称大烟，是罂粟果实中流出的乳液经干燥凝结而成的。因产地不同而呈黑色或褐色，味苦。生鸦片经过烧煮和发酵，可制成精制鸦片，吸食时有一种强烈的香甜气味。吸食者初吸时会感到头晕目眩、恶心或头痛，多次吸食就会上瘾。

2. 吗啡（morphine）

吗啡是从鸦片中分离出来的一种生物碱，在鸦片中含量为10%左右，为无色或白色结晶粉末状，具有镇痛、催眠、止咳、止泻等作用，吸食后会产生欣快感，比鸦片容易成瘾。长期使用会引起精神失常、谵妄和幻想，过量使用会导致呼吸衰竭而死亡。历史上它曾被用作精神药品戒断鸦片，但由于其副作用过大，最终被定为毒品。

3. 海洛因（herion）

海洛因的化学名称为“二乙酰吗啡”，俗称白粉，它是由吗啡和醋酸酐反应而制成的，镇痛作用是吗啡的4～8倍，医学上曾广泛用于麻醉镇痛，但成瘾快，极难戒断。长期使用会破坏人的免疫功能，并导致心、肝、肾等主要脏器的损害。注射吸食还能传播艾滋病等疾病。历史上它曾被用作精神药品戒断吗啡，但由于其副作用过大，最终被定为毒品。海洛因被称为世界毒品之王，是我国目前监控、查禁的最重要的毒品之一。

4. 大麻

大麻为桑科一年生草本植物，分为有毒大麻和无毒大麻。无毒大麻的茎、秆可制成纤维，籽可榨油。有毒大麻主要指矮小、多分支的印度大麻。大麻类毒品主要包括大麻烟、大麻脂和大麻油，主要活性成分是四氢大麻酚。大麻对中枢神经系统有抑制、麻醉作用，吸食后产生欣快感，有时会出现幻觉和妄想，长期吸食会引起精神障碍、思维迟钝，并破坏人体的免疫系统。

5. 杜冷丁

杜冷丁，即盐酸哌替啶，是一种临床应用的合成镇痛药，为白色结晶性粉末，味微苦，无臭，其作用和机理与吗啡相似，但镇静、麻醉作用较小，仅相当于吗啡的1/10～1/8。长期使用会产生依赖性，被列为严格管制的麻醉药品。

6. 古柯

古柯是生长在美洲大陆、亚洲东南部及非洲等地的热带灌木，尤为南美洲的传统种植植物。古柯树株高1.5～3m，生长周期为30～40年，每年可采摘古柯叶3～4次。古柯叶是提取古柯类毒品的重要物质，曾为古印第安人习惯性咀嚼，并被用于治疗某些慢性病，但很快其毒害作用就得到科学证实。从古柯叶中可分离出一种最主要的生物碱——可卡因。

7. 可卡因

可卡因是从古柯叶中提取的一种白色晶状的生物碱，是强效的中枢神经兴奋剂和局部麻醉剂。能阻断人体神经传导，产生局部麻醉作用，并可通过加强人体内化学物质的活性刺激大脑皮层，兴奋中枢神经，表现出情绪高涨、好动、健谈，有时还有攻击倾向，具有很强的成瘾性。

此外，传统毒品还有可待因、那可汀、盐酸二氢埃托啡等。

二、新型毒品种类

1. 冰毒

冰毒，即“甲基苯丙胺”，外观为纯白结晶体，故被称为“冰”（ice）。对人体中枢神经系统具有极强的刺激作用，且毒性强烈。冰毒的精神依赖性很强，吸食后会产生强烈的生理兴奋，大量消耗人的体力和降低免疫功能，严重损害心脏、大脑组织甚至导致死亡。还会造成精神障碍，表现出妄想、好斗、错觉，从而引发暴力行为。

2. 摇头丸

摇头丸是冰毒的衍生物，以MDMA等苯丙胺类兴奋剂为主要成分，具有兴奋和致幻双重作用，滥用后可出现长时间随音乐剧烈摆动头部的现象，故称为摇头丸。外观多呈片剂，五颜六色。服用后会产生中枢神经强烈兴奋，出现摇头和妄动，在幻觉作用下常常引发集体淫乱、自残与攻击行为，并可诱发精神分裂症及急性心脑疾病，精神依赖性强。

3. K粉

K粉，即“氯胺酮”，是静脉全麻药，有时也可用作兽用麻醉药。白色结晶粉末，无臭，易溶于水，通常在娱乐场所滥用。服用后遇快节奏音乐便会强烈扭动，会导致神经中毒反应、精神分裂症状，出现幻听、幻觉、幻视等，对记忆和思维能力造成严重的损害。此外，易让人产生性冲动，所以又称为“迷奸粉”或“强奸粉”。

4. 咖啡因

咖啡因是化学合成或从茶叶、咖啡果中提炼出来的一种生物碱。大剂量长期使用会对人体造成损害，引起惊厥、心律失常，并可加重或诱发消化性肠道溃疡，甚至导致吸食者下一代智能低下、肢体畸形，同时具有成瘾性，停用会出现戒断症状。

5. 三唑仑

三唑仑又名海乐神、酣乐欣，淡蓝色片，是一种强烈的麻醉药品，口服后可以迅速使人昏迷晕倒，故俗称迷药、蒙汗药、迷魂药。可以伴随酒精类共同服用，也可溶于水及各种饮料中。见效迅速，药效比普通安定强45～100倍。

此外，新型毒品还有安纳咖、氟硝安定、麦角乙二胺（LSD）、安眠酮、丁丙诺啡、地西泮及有机溶剂和鼻吸剂等。

三、危害

1. 吸毒对社会的危害

（1）对家庭的危害

家庭中一旦出现了吸毒者，家便不成其为家了。吸毒者在自我毁灭的同时，也在破坏着自己的家庭，使家庭陷入经济破产、亲属离散甚至家破人亡的困难境地。

（2）对社会生产力的巨大破坏

吸毒首先导致身体疾病，影响生产，其次是造成社会财富的巨大损失和浪费，同时毒品活动还造成环境恶化，缩小了人类的生存空间。

（3）毒品活动扰乱社会治安

毒品活动加剧诱发了各种违法犯罪活动，扰乱了社会治安，给社会安定带来巨大威胁。无论用什么方式吸毒，对人体的身体都会造成极大的损害。

2. 吸毒对身心的危害

（1）身体依赖性

毒品作用于人体，使人体机能产生适应性改变，形成在药物作用下的新的平衡状态。一旦停掉药物，生理功能就会发生紊乱，出现一系列严重反应，称为戒断反应，使人感到非常痛苦。用药者为了避免戒断反应，就必须定时用药，并且不断加大剂量，使吸毒者终日离不开毒品。

（2）精神依赖性

毒品进入人体后作用于人的神经系统，使吸毒者出现一种渴求用药的强烈欲望，驱使吸毒者不顾一切地寻求和使用毒品。一旦出现精神依赖后，即使经过脱毒治疗，在急性期戒断反应基本控制后，要完全康复原有生理机能往往需要数月甚至数年的时间。更严重的是，对毒品的依赖性难以消除。这是许多吸毒者一而再、再而三反复吸毒的原因，也是世界医药学界尚待解决的课题。

（3）毒品危害人体的机理

我国目前流行最广、危害最严重的毒品是海洛因，海洛因属于阿片类药物。在正常人的脑内和体内一些器官，存在着内源性阿片肽和阿片受体。在正常情况下，内源性阿片肽作用于阿片受体，调节着人的情绪和行为。人在吸食海洛因后，抑制了内源性阿片肽的生成，逐渐形成在海洛因作用下的平衡状态，一旦停用就会出现不安、焦虑、忽冷忽热、起鸡皮疙瘩、流泪、流涕、出汗、恶心、呕吐、腹痛、腹泻等。这种戒断反应的痛苦，反过来又促使吸毒者为避免这种痛苦而千方百计地维持吸毒状态。冰毒和摇头丸在药理作用上属中枢兴奋药，毁坏人的神经中枢。

本章小结

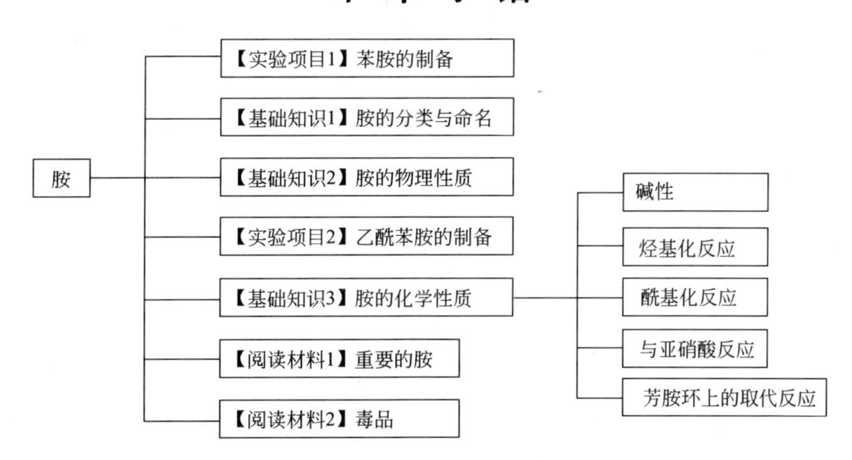

课后习题

1. 选择题

（1）下列化合物中碱性最强的是（　　）。

A. 甲胺　　B. 二甲胺　　C. 三甲胺　　D. 氨

（2）下列化合物与亚硝酸反应放出氮气的是（　　）。

A. 乙胺　　B. 甲乙胺　　C. 二乙胺　　D. 三乙胺

（3）下列化合物沸点最高的是（　　）。

A. 甲胺　　B. 乙胺　　C. 正丙胺　　D. 正丁胺

（4）下列不能发生酰基化反应的是（　　）。

A. 正丙胺　　B. 甲乙胺　　C. 二乙胺　　D. 三乙胺

2. 鉴别下列有机物。

(1) 乙醇、乙醚、乙酸、乙醛、乙胺。

(2) 邻甲苯胺、*N*-甲基苯胺、*N*,*N*-二甲基苯胺。

3. 在重结晶制取乙酰苯按时，为什么要加入活性炭？为什么要稍冷时加入？

4. 制备苯胺时为什么要经常振荡反应混合液？

5. 某含氮化合物A的分子式是$C_5H_{13}N$，A与亚硝酸在室温下反应放出氮气并得到化合物B($C_5H_{12}O$)，B与浓硫酸共热生成化合物C(C_5H_{10})，C能被酸性高锰酸钾氧化，且氧化产物中有丙酮。试推测A、B、C的名称和结构简式。

杂环化合物

1. 了解杂环化合物的分类和命名
2. 掌握五元杂环化合物的性质

能力目标

1. 学会使用脂肪提取器从茶叶中提取咖啡因
2. 小组成员间的团队协作能力
3. 培养学生的动手能力和安全生产的意识

生活常识 尼 古 丁

尼古丁又名烟碱，含吡啶和四氢吡咯环。主要存在于烟草中，国产烟叶含烟碱1%～4%。无色液体，能溶于水及大多数有机溶剂，沸点为246℃。烟碱的毒性极大，口服40mg即致死，解毒药为颠茄碱。因此吸烟对人体有害，应提倡不要吸烟。烟碱在农业上可作杀虫剂。量小可作为药物治疗疾病，量大时可引起中毒。

生物碱的提取

【任务描述】

使用脂肪提取器（索氏提取器）从茶叶中提取咖啡因。

【教学器材】

多媒体实验室、铁架台、脂肪提取器、圆底烧瓶（250mL）、冷凝管、瓷蒸发皿、酒精灯、漏斗、石棉网、玻璃棒、滤纸、烧杯等。

【教学药品】

氯仿、生石灰、茶叶、沸石。

【组织形式】

每三个同学为一实验小组，根据老师给出的引导步骤，自行完成实验。

【注意事项】

(1) 本实验可选用氯仿或乙醇作萃取剂。如果选用氯仿作萃取剂，由于氯仿对人有一定的毒性和麻醉作用，使用时蒸气尽量不要外露，尤其是蒸残留溶剂时，最好在通风橱中进行。

(2) 茶叶袋的上、下端要包严，防止茶叶末漏出，堵塞虹吸管。

(3) 升华一步，一定要小火加热，慢慢升温，最好是酒精灯的火焰尖刚好接触石棉网，徐徐加热 10～15min。如果火焰太大，加热太快，滤纸和咖啡因都会炭化变黑；如果火焰太小，升温太慢，会浪费时间，部分咖啡因还没有升华，影响收率。

【实验步骤】

1. 萃取

将滤纸做成与提取器大小相适应的套袋。称取 10g 茶叶，略加粉碎，装入纸袋中，上、下端封好，装入脂肪提取器中（装置如图 10-1 所示），圆底烧瓶中加入 60mL 氯仿，几粒沸石，用水浴加热，连续提取 8～10 次（提取时，溶剂蒸气从导气管上升到冷凝管中，被冷凝成液体后，滴入提取器中，萃取出茶叶中的可溶物，此时溶液呈深草青色，当液面上升到与虹吸管一样高时，提取液就从虹吸管流入烧瓶中，这为一次虹吸）。茶叶每次都能被纯粹的溶剂所萃取，使茶叶中的可溶物质富集于烧瓶中。待提取器中的溶剂基本上呈无色或微呈青绿色时（一般 8～10 次），可以停止提取，但必须待提取器中的提取液刚刚虹吸下去后，方可停止加热。

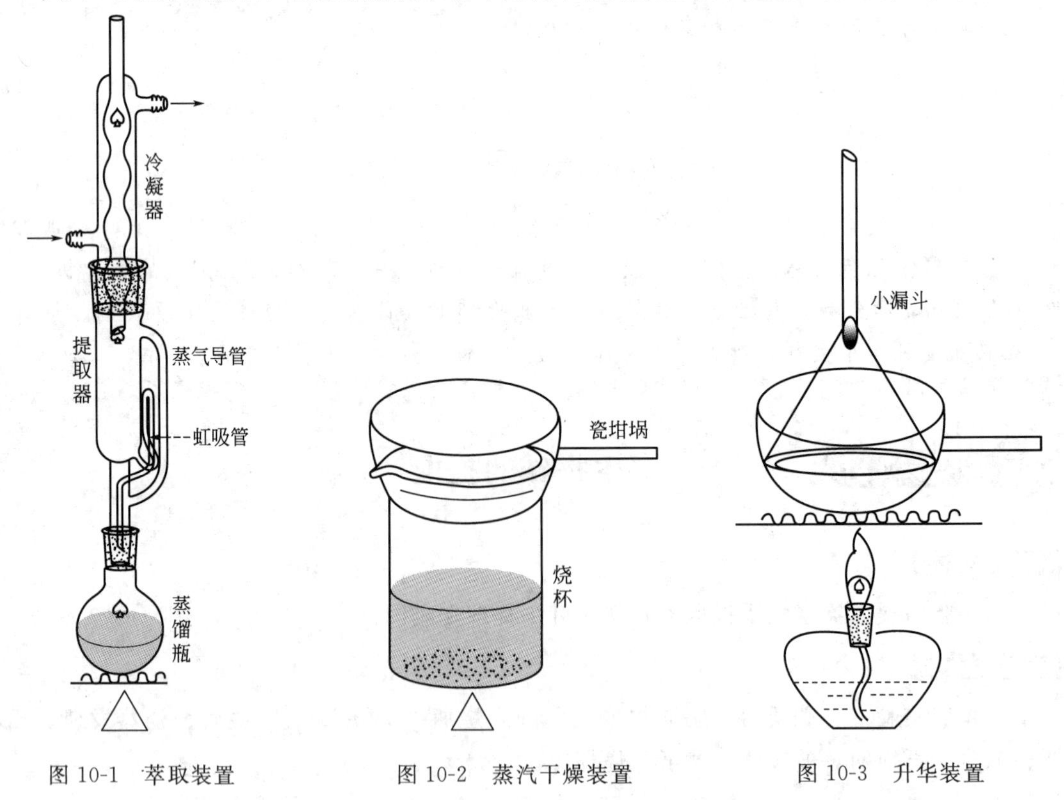

图 10-1 萃取装置　　图 10-2 蒸汽干燥装置　　图 10-3 升华装置

2. 蒸馏、升华

稍冷后改为蒸馏装置，水浴加热，回收大部分溶剂，待剩下 3～5mL 后，停止蒸馏，趁热将残液转入瓷蒸发皿中。在通风橱中，用蒸汽浴蒸出残液（装置如图 10-2 所示），不必蒸得太干，拌入 1～2g 生石灰粉，用玻璃棒研细，在上覆盖面盖一个事先刺了许多小孔的滤纸和一个倒扣的玻璃漏斗，漏斗口用棉花塞住，将蒸发皿在石棉网上小火徐徐加热，进行升华（装置如图 10-3 所示，通常需要 10～15min），停止加热，让其自然冷却至不太烫手时，小心取下漏斗和滤纸，会看到在滤纸上附着有大量无色针状晶体。

纯粹的咖啡因熔点为 234.5℃。本实验需 4～6h。

【任务解析】

1. 萃取

就是利用物质在两种互不相溶的溶剂中溶解度或分配比的不同来达到分离、提取或纯化目的的一种操作。根据分配定律，在一定温度下，有机物在两种溶剂中的浓度之比为一常数。即：

$$\frac{c_A}{c_B}=K$$

式中，c_A、c_B 分别为物质在溶剂 A 和溶剂 B 中的溶解度；K 为分配系数。

当用一定量的溶剂从水溶液中萃取有机化合物时，根据分配定律可以计算出萃取 n 次后，水中的剩余量应为：

$$W_n=W_0\left(\frac{KV}{KV+S}\right)^n$$

式中，W_0、W_n 分别为萃取前和萃取 n 次后水中被萃取物质的量，g；V、S 分别为水的体积和每次萃取所用溶剂的体积，mL。

由上式可以看出，把一定量的溶剂分成几份多次萃取要比用全部量的溶剂一次萃取效果更好。

2. 咖啡因的物理性质

咖啡因是杂环化合物嘌呤的衍生物，它的化学名称为 1,3,7-三甲基-2,6-二氧嘌呤，其结构式如下：

嘌呤　　咖啡因

含结晶水的咖啡因系无色针状结晶，味苦，能溶于水、乙醇、氯仿等。在 100℃时即失去结晶水，并开始升华，120℃时升华相当显著，至 178℃时升华很快。无水咖啡因的熔点为 234.5℃。

3. 升华

升华是纯化固体有机物的方法之一。某些物质在固态时有相当高的蒸气压，当加热时不经过液态而直接气化，蒸气遇冷则凝结成固体，这个过程叫做升华。升华得到的产品有较高的纯度，这种方法特别适用于纯化易潮解或与溶剂发生分解的物质。

基础知识1 杂环化合物的分类和命名

1. 杂环化合物的分类

杂环化合物可以根据环的大小、多少及所含杂原子的数目进行分类。

按环数的多少，可分为单杂环和稠杂环；单杂环又可根据成环原子数的多少分为五元杂环及六元杂环等；稠杂环可分为苯并单杂环和单杂环并单杂环两种。

按环中杂原子的数目又可分为含一个杂原子的杂环和含多个杂原子的杂环化合物。

2. 杂环化合物的命名

(1) 音译法

杂环母环的命名常用音译法，即按照英文谐音汉字加“口”偏旁表示杂环母体的名称，详见表 10-1。

表 10-1 常见杂环化合物的分类和名称

分类		含一个杂原子	含多个杂原子
单杂环	五元杂环	呋喃 噻吩 吡咯	咪唑 噻唑
	六元杂环	吡啶	嘧啶
稠杂环		吲哚 喹啉	嘌呤

(2) 系统命名法

若环上连有取代基时，需要给母体环编号，杂环母环的编号规则如下：

① 含 1 个杂原子的杂环，杂原子位次为 1，或从靠近杂原子的碳原子开始用希腊字母编号。

② 如有几个不同的杂原子时，则按 O、S、—NH—、—N ═的先后顺序编号，并使杂原子的编号尽可能小。

③ 有些稠杂环母环有特定的名称和编号原则。

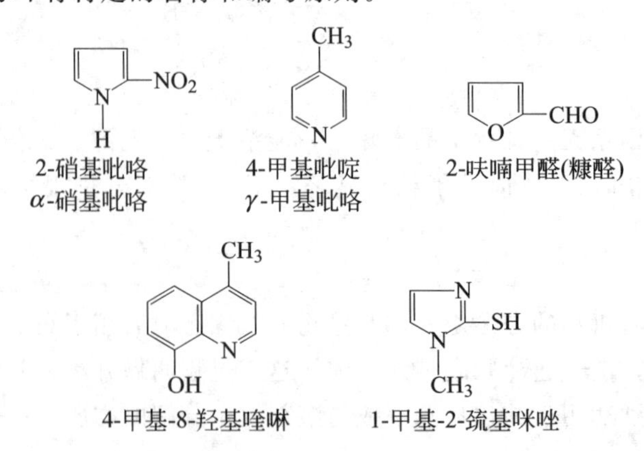

【练一练】 命名下列有机化合物。

（噻吩-2-磺酸结构式：$-SO_3H$；吡啶-3-甲酰胺结构式：$-CONH_2$）

基础知识 2　单杂环化合物的物理性质

1. 物理状态

单杂环化合物大多为无色液体，有特殊的气味，具有一定的毒性。

2. 溶解性

单杂环化合物难溶于水，易溶于有机溶剂（见表 10-2）。吡啶能与水、乙醇、醚等混溶，是一种优良的溶剂。

表 10-2　几种常见单杂环化合物的名称及物理常数

名称	熔点/℃	沸点/℃	密度(20℃)/$\times10^3$kg·m^{-3}	溶解性能
呋喃	−86	31	0.934	不溶于水，易溶于乙醇、乙醚
噻吩	−38	84	1.065	不溶于水，易溶于乙醇、乙醚、苯
吡咯	−24	131	0.969	不溶于水，易溶于乙醇、乙醚
吡啶	−42	115.5	0.982	溶于水，易溶于乙醇、乙醚

基础知识 3　单杂环化合物的化学性质

1. 酸碱性

吡咯具有弱酸、弱碱性，其碱性比仲胺还弱，其酸性比醇强，比酚弱。吡啶则显碱性，可与酸成盐。例如：

$$\text{吡咯(N-H)} \xrightarrow[\text{或金属钾}]{KOH(s)} \text{吡咯负离子}(\overset{-}{N}K^+) + H_2$$

$$\text{吡啶} + HCl \longrightarrow \text{吡啶盐}(\overset{+}{N}H\ Cl^-)$$

2. 亲电取代反应

吡咯、呋喃、噻吩、吡啶都具有芳香性，可以发生亲电取代反应，但它们的反应活性不同，其活性顺序为：吡咯＞呋喃＞噻吩＞苯＞吡啶。

(1) 卤代

吡咯、呋喃、噻吩等五元芳杂环很容易发生卤代反应，并常可得到多卤代物。例如：

$$\text{吡咯} \xrightarrow[NaOH]{I_2} \text{2,3,4,5-四碘吡咯}$$

吡啶的结构为六元环，其亲电取代反应类似于硝基苯，因此要在较剧烈的条件下才被卤代。例如：

$$\text{吡啶} \xrightarrow[100℃]{Cl_2,\ AlCl_3} \text{3-氯吡啶}$$

(2) 硝化

吡咯、呋喃、噻吩等五元杂环只能在比较缓和的条件下硝化。例如：

$$\text{呋喃} + CH_3COONO_2 \longrightarrow \text{2-硝基呋喃}(-NO_2) + CH_3COOH$$

吡啶的硝化较难，需在剧烈的条件下硝化，并且反应较为缓慢，产率很低。例如：

$$\text{吡啶} + CH_3COONO_2 \xrightarrow[300℃,\ 24h]{浓HNO_3,\ 浓H_2SO_4} \text{2-硝基吡啶}(-NO_2) + CH_3COOH$$

(3) 磺化

吡咯、呋喃较易发生磺化，但不能直接用硫酸磺化，常用温和的磺化剂，如吡啶与三氧化硫的混合物。例如：

$$\text{吡咯} \xrightarrow{C_5H_5N\cdot SO_3} \text{2-吡咯磺酸}(-SO_3H)$$

2-吡咯磺酸

噻吩在常温下不被浓硫酸分解，而是发生磺化反应并溶于浓硫酸中，因此用浓硫酸可直接磺化噻吩。

吡啶的磺化则较为困难。例如：

$$\text{吡啶} \xrightarrow[HgSO_4,\ 200℃]{发烟H_2SO_4} \text{3-吡啶磺酸}(-SO_3H)$$

3-吡啶磺酸

(4) 傅-克酰基化反应

吡咯、噻吩等五元芳杂环可与乙酸酐等发生傅-克酰基化反应，而吡啶则不发生酰化反应。例如：

$$\text{吡咯} \xrightarrow[150\sim200℃]{(CH_3CO)_2O} \text{2-乙酰基吡咯}(-\overset{O}{\overset{\|}{C}}CH_3)$$

2-乙酰基吡咯

3. 加成反应

芳杂环比苯容易发生加氢还原反应，它们可以在缓和的条件下催化加氢。在催化剂的作用下，吡咯、噻吩、呋喃、吡啶均可发生加成反应。例如：

$$\text{呋喃} + 2H_2 \xrightarrow[80\sim140℃,\ 5MPa]{Ni} \text{四氢呋喃}$$

四氢呋喃

阅读材料1　生物碱及其生理功能

生物碱是指一类来源于生物界（以植物为主）的含氮有机化合物。多数生物碱分子具有较复杂的环状结构，且氮原子在环状结构内，大多呈碱性。而有些来源于天然的含氮有机化合物，如某些维生素、氨基酸、肽类，习惯上又不属于“生物碱”，所以“生物碱”一词到现在还未有严格而确切的定义。许多中草药的有效成分主要是生物碱。

绝大多数生物碱为无色晶体，味苦，大多不溶或难溶于水，能溶于氯仿、乙醇、醚等有机溶剂。生物碱既是很好的药物，也是有毒物质。

生物碱的种类很多，到目前为止，已分离出的生物碱有五六千种，已知结构的就超过 2000 种。下面我们介绍几种常见的生物碱及其生理功能。

1. 咖啡碱（咖啡因）和茶碱

咖啡碱和茶碱都存在于茶叶、咖啡和可可豆中，它们属于嘌呤类生物碱。咖啡碱有兴奋中枢神经和利尿、止痛作用，临床上常起利尿作用和用于呼吸衰竭的解救。茶碱为无色针状晶体，易溶于热水，难溶于冷水，熔点为 270～274℃。茶碱有松弛平滑肌和较强的利尿作用，医药上用来消除支气管痉挛和各种水肿症。

2. 吗啡碱和可待因

吗啡碱和可待因都存在于鸦片中。鸦片是罂粟果实流出的乳状汁液，经日光晒成的黑色膏状物质。鸦片中含有 25 种以上生物碱，以吗啡碱最重要，约含 10%，属于异喹啉类生物碱。吗啡碱为片状晶体，难溶于一般有机溶剂，熔点为 253～254℃。吗啡碱对中枢神经有麻醉作用，有极快的镇痛效力，但久用成瘾，要严格控制使用。可待因是吗啡的甲基醚，其生理作用与吗啡碱相似，但不像吗啡碱那样容易成瘾，可用来镇痛，医药上主要用作镇咳剂。

3. 颠茄碱

颠茄碱又称阿托品，属于吡啶类生物碱。主要存在于颠茄、曼陀罗、天仙子等植物中。白色晶体，难溶于水，易溶于乙醇。在医药上用作抗胆碱药，能扩散瞳孔，治疗平滑肌痉挛、胃和十二指肠溃疡，也可作为有机磷中毒的解毒剂。

4. 麻黄素

麻黄素又称麻黄碱，主要存在于麻黄中。无色晶体，易溶于水及大多数有机溶剂，熔点为 38.1℃。具有兴奋交感神经、收缩血管、扩张气管的作用，是常见的止咳平喘药物。

阅读材料 2　有机化学家伍德沃德

美国有机化学家罗伯特·伯恩斯·伍德沃德（1917 年 4 月 10 日～1979 年 7 月 8 日），对现代有机合成做出了相当大的贡献，尤其是在合成和阐明具有复杂结构的天然有机分子方面，因此他获得了 1965 年诺贝尔化学奖。

伍德沃德 1917 年 4 月 10 日生于美国马萨诸塞州的波士顿，从小喜读书，善思考，学习成绩优异。1933 年夏，只有 16 岁的伍德沃德就以优异的成绩考入美国的著名大学——麻省理工学院。在全班学生中，他是年龄最小的一个，素有“神童”之称，学校为了培养他，为他一人单独安排了许多课程。他聪颖过人，只用了 3 年时间就学完了大学的全部课程，并以出色的成绩获得了学士学位。伍德沃德获学士学位后，直接攻取博士学位，他只用了一年的时间就学完了博士生的所有课程，并通过论文答辩获博士学位。

获博士学位以后，伍德沃德在哈佛大学执教，1950 年被聘为教授。他教学极为严谨，且有很强的吸引力，特别重视化学演示实验，着重训练学生的实验技巧，他培养的学生中许多人成了化学界的知名人士，其中包括获得 1981 年诺贝尔化学奖的波兰裔美国化学家霍夫曼。

伍德沃德是 20 世纪在有机合成化学实验和理论上，取得划时代成果的罕见的有机化学家，他以极其精巧的技术合成了胆甾醇、皮质酮、马钱子碱、利血平、叶绿素等多种复杂有机化合物。据不完全统计，他合成的各种极难合成的复杂有机化合物达 24 种以上，所以他被称为“现代有机合成之父”。

1965 年，伍德沃德因在有机合成方面的杰出贡献而荣获诺贝尔化学奖。获奖后，他并没有因为功成名就而停止工作，而是向着更艰巨复杂的化学合成方向前进。他组织了 14 个国家的 110 位化学家协同攻关，探索维生素 B_{12} 的人工合成问题。伍德沃德合成维生素 B_{12} 时，共做了近千个复杂的有机合成实验，历时 11 年，终于在他谢世前几年完成了复杂的维生素 B_{12} 的合成工作。

伍德沃德谦虚和善，不计名利，善于与人合作，一旦出了成果，发表论文时，总喜欢把合作者的名字署在前边，他自己有时干脆不署名，对他的这一高尚品质，学术界和他共过事的人都众口称赞。伍德沃德在总结他的工作时说："之所以能取得一些成绩，是因为有幸和世界上众多能干又热心的化学家合作。"

1979年6月8日，伍德沃德因积劳成疾，与世长辞，终年62岁。他在辞世前还面对他的学生和助手，念念不忘许多需要进一步研究的复杂有机物的合成工作，他逝世以后，人们经常以各种方式悼念这位有机化学巨星。

本章小结

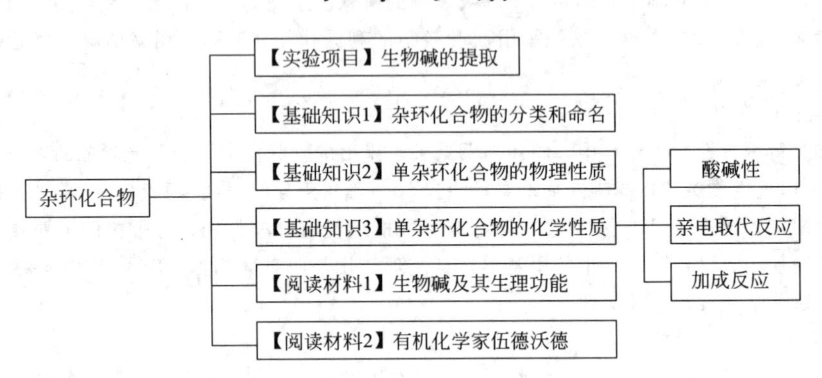

课后习题

1. 选择题

下列化合物中不能发生傅-克酰基化反应的是（　　）。

A. 吡咯　　B. 噻吩　　C. 苯　　D. 硝基苯　　E. 吡啶

2. 写出下列化合物结构式

（1）*N*-乙基-α-甲基吡咯　（2）5-硝基-2-呋喃甲醛　（3）六氢吡啶　（4）8-羟基喹啉　（5）α,β-吡啶二甲酸

3. 比较吡咯、吡啶、四氢吡啶、苯胺碱性强弱。

4. 比较吡咯、噻吩、呋喃、吡啶、苯发生亲电取代反应活性强弱。

氨基酸和蛋白质

1. 了解氨基酸的分类和命名
2. 掌握氨基酸、蛋白质的性质

能力目标

1. 能应用显色反应鉴别氨基酸、蛋白质
2. 小组成员间的团队协作能力
3. 培养学生的动手能力和安全生产的意识

生活常识　谷　氨　酸

谷氨酸是一种酸性氨基酸。分子内含两个羧基，化学名称为 α-氨基戊二酸。谷氨酸是里索逊于1856年发现的，为无色晶体，有鲜味，微溶于水。大量存在于谷类蛋白质中，动物脑中含量也较多。谷氨酸在生物体内的蛋白质代谢过程中占重要地位，参与动物、植物和微生物中的许多重要化学反应。医学上谷氨酸主要用于治疗肝性昏迷，还用于改善儿童智力发育。食品工业中的味精主要成分是谷氨酸钠盐。L-谷氨酸是蛋白质的主要构成成分，谷氨酸盐在自然界普遍存在。多种食品以及人体内都含有谷氨酸盐。γ-聚谷氨酸用在食品工业上，可以防止食品老化、不易软化、增强质地、维持外形，也可以用作各种食品的苦味驱除剂、保健食品、食品防腐剂。

氨基酸和蛋白质的性质

【任务描述】

在实验室内做氨基酸和蛋白质的性质实验。

【教学器材】

多媒体实验室、铁架台、硬质试管（25mm×100mm、20mm×200mm）、酒精灯、漏斗、烧杯等。

【教学药品】

甘氨酸、酪氨酸、蛋白质溶液、茚三酮、乙醇、浓盐酸、浓硝酸、氢氧化钠、硫酸铜、醋酸铅、硫酸铵。

【组织形式】

每三个同学为一实验小组，根据老师给出的引导步骤，自行完成实验。

【注意事项】

（1）茚三酮反应宜在 pH＝5～7 溶液中进行。

（2）蛋白质溶液的制备：取一个鸡蛋，两头各钻一个小孔，竖立，将蛋清流入盛有 100～120mL 经过煮沸的冷蒸馏水的烧杯中，搅拌，过滤（漏斗上放置经水润湿的纱布），滤液即为蛋白质溶液。

（3）0.1%茚三酮-乙醇溶液的制备（用时新配）：将 0.1g 茚三酮溶于 124.9mL 95%乙醇中。

（4）稀硫酸铜溶液不能过量，否则硫酸铜在碱性溶液中生成氢氧化铜沉淀，会干扰显色反应。

【实验步骤】

1. 氨基酸和蛋白质的两性性质

（1）氨基酸的两性性质

在盛有 2mL 蒸馏水的试管中加入 0.1g 酪氨酸，振荡下逐滴加入 1mL 10%氢氧化钠溶液，观察现象；再逐滴加入 10%盐酸，直至溶液刚显酸性，振荡 1min，观察现象；最后滴加 10%盐酸（10 滴以上），观察并记录结果。

（2）蛋白质的两性性质

取 1 支试管，加入 5 滴 5%蛋白质溶液，振荡下逐滴加入浓盐酸，当加入过量酸时，观察溶液有何变化；吸取该溶液 1mL 置于另一试管中，逐滴加入 10%氢氧化钠溶液，注意在碱过量时溶液有何变化。

2. 氨基酸和蛋白质的颜色反应

（1）茚三酮反应

取 2 支试管，分别加入 4 滴 0.5%的甘氨酸溶液和蛋白质溶液，再各加 2 滴 0.1%茚三酮-乙醇溶液，混合均匀后置于沸水浴中加热 1～2min，观察现象。

（2）缩二脲反应

取 1 支试管，加入 2mL 5%蛋白质溶液和 2mL 30%氢氧化钠溶液，然后加 2 滴稀硫酸铜溶液，观察现象。

（3）黄蛋白反应

取 1 支试管，加入 2mL 5%蛋白质溶液，再加 4～6 滴浓硝酸，溶液变浑或析出白色沉淀，然后将混合物加热煮沸 1～2min，观察现象。

3. 蛋白质的盐析

取 1 支试管，加入 2mL 5%蛋白质溶液和少许固体硫酸铵，振荡，观察现象，然后再加入 4mL 水，振荡后观察现象。

4. 重金属沉淀蛋白质

（1）与硫酸铜反应

取 1 支试管，加入 1mL 5%蛋白质溶液，振荡下逐滴加入饱和硫酸铜溶液 4～5 滴，观察现象。

（2）与醋酸铅反应

取 1 支试管，加入 1mL 5%蛋白质溶液，振荡下逐滴加入 20%醋酸铅溶液 4～5 滴，观察现象。

【任务解析】

1. 氨基酸的性质

氨基酸具有两性，能与亚硝酸反应放出氮气，可与某些金属离子作用形成稳定的络合物，能与茚三酮发生显色反应。

2. 蛋白质的性质

蛋白质具有两性，能发生盐析，与不同的试剂如茚三酮、缩二脲、硝酸等发生显色反应，并可在酸、碱或酶条件下水解。

【想一想】 为什么鸡蛋清可用作铅或汞中毒的解毒剂？

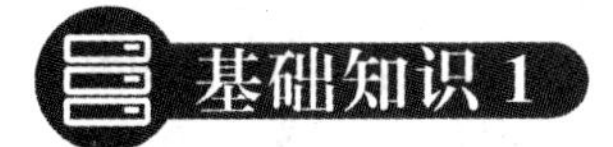

氨基酸的分类和命名

氨基酸是组成蛋白质的基本单位，不论哪种蛋白质，在酸、碱或酶的作用下都水解成 α-氨基酸的混合物，可以说 α-氨基酸是构筑蛋白质的砖石。目前已经分离出的氨基酸近百种，但组成生物体的氨基酸仅有二十余种，其余的都是新陈代谢的产物或中间体。蛋白质水解生成的各种氨基酸在结构上有一个共同点，即都是 α-氨基酸。

1. 氨基酸的分类

分子中既含有氨基又含有羧基的化合物称为氨基酸。

氨基酸分类方法有几种。可以按照分子是否含有芳基分为芳香族氨基酸和脂肪族氨基酸两类。也可按照分子中氨基和羧基的数目分为以下三种：一氨基一羧基氨基酸（又称中性氨基酸）、一氨基二羧基氨基酸（又称酸性氨基酸）、二氨基一羧基氨基酸（又称碱性氨基酸）。

2. 氨基酸的命名

氨基酸的系统命名法是以羧酸为母体氨基为取代基来命名的。例如：

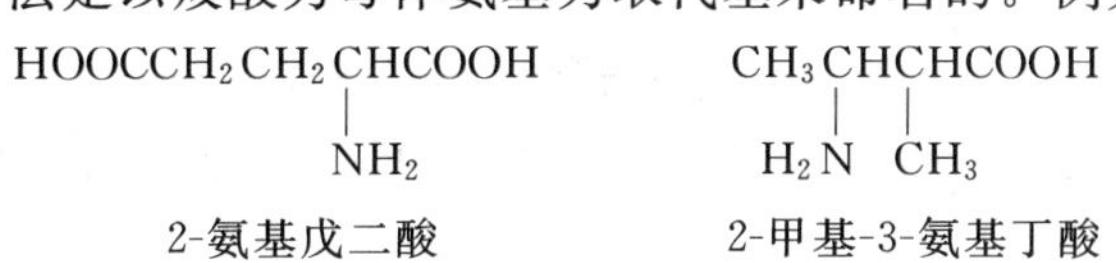

2-氨基戊二酸　　2-甲基-3-氨基丁酸

对于脂肪族氨基酸，也可根据分子中氨基与羧基的相对位置进行命名。例如：

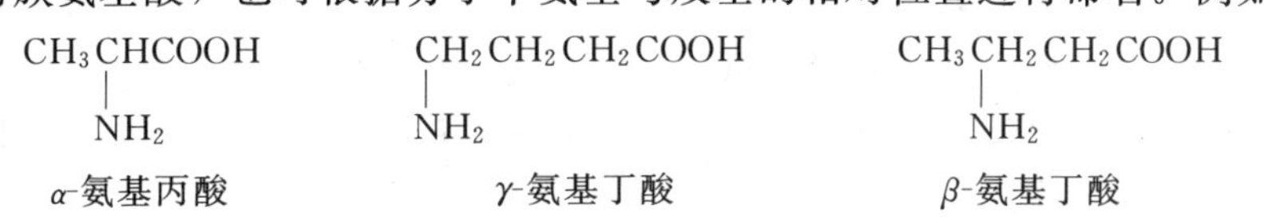

α-氨基丙酸　　γ-氨基丁酸　　β-氨基丁酸

【练一练】 写出2-氨基-3-巯基丙酸的构造式。

基础知识2 氨基酸的性质

大多数天然氨基酸是高熔点的无色晶体，少数为黏稠液体，在水中都有一定的溶解度，难溶于非极性有机溶剂，有些氨基酸在熔融前分解。

1. 两性与等电点

氨基酸分子中既含有氨基又含有羧基，既能与酸作用生成铵盐，也能与碱作用生成羧酸盐，因此它们具有两性，是两性化合物：

$$\underset{\displaystyle NH_3^+Cl^-}{RCHCOOH} \xleftarrow{HCl} \underset{\displaystyle NH_2}{RCHCOOH} \xrightarrow{NaOH} \underset{\displaystyle NH_2}{RCHCOO^-Na^+}$$

在氨基酸晶体中，主要以偶极离子或内盐的形式存在；在水溶液中氨基酸的偶极性离子则是与其正、负离子同时存在于一个平衡体系中：

$$\underset{\displaystyle R}{H_2NCHCOO^-} \underset{OH^-}{\overset{H^+}{\rightleftharpoons}} \underset{\displaystyle R}{H_3N^+CHCOO^-} \underset{OH^-}{\overset{H^+}{\rightleftharpoons}} \underset{\displaystyle R}{H_3N^+CHCOOH}$$

溶液的pH决定氨基酸在溶液中离子的存在状态。在强酸性溶液中都以正离子形式存在，这时在电场中的氨基酸向阴极移动；在强碱溶液中则都以负离子形式存在，这时在电场中的氨基酸向阳极移动。调节溶液的pH至一定数值时，氨基酸以偶极离子存在，其所带正、负电荷相等，在电场中既不向阴极移动，也不向阳极移动。此时溶液的pH就是该氨基酸的等电点。一般用pI表示。

由于结构不同，氨基酸都有其特有的等电点。通常，中性氨基酸的等电点在5～6.5之间，酸性氨基酸的等电点在2.8～3.2之间，碱性氨基酸的等电点在7.6～10.8之间。

在等电点时，氨基酸的溶解度最低，容易呈晶体析出。所以利用调节溶液pH的方法，可以从氨基酸的混合液中分离出不同的氨基酸。

2. 与亚硝酸反应

氨基酸中的氨基可与亚硝酸反应放出氮气，这和伯胺的反应相同：

$$\underset{\displaystyle NH_2}{RCHCOOH} + HONO \longrightarrow \underset{\displaystyle OH}{RCHCOOH} + N_2\uparrow + H_2O$$

这个反应是定量完成的，可以根据反应放出氮气的量计算分子中氨基的含量。

3. 茚三酮反应

α-氨基酸与水合茚三酮的醇溶液反应生成蓝紫色物质，反应非常灵敏，是鉴定氨基酸最迅速、最简便的方法。且蓝紫色强度正比于负离子的浓度，因此茚三酮可用于氨基酸的定性和定量实验。

4. 缩合反应

一个α-氨基酸分子中的氨基与另一个α-氨基酸分子中的羧基发生分子间脱水，生成以酰胺键连接的化合物称为肽。形成的酰胺键称为肽键。

由两个α-氨基酸形成的肽称为二肽；由三个α-氨基酸形成的肽称为三肽；由多个α-氨基酸形成的肽称为多肽。例如：

$$\underset{\displaystyle NH_2}{CH_3\underset{|}{C}HCOOH} + H{-}NHCH_2COOH \longrightarrow \underset{\displaystyle NH_2}{CH_3\underset{|}{C}HCONHCH_2COOH} + H_2O$$

多肽是由多个氨基酸以肽键按一定顺序结合而成的，一般将少于 50 个 α-氨基酸分子间脱水形成的聚酰胺，称为多肽。比多肽相对分子质量更高，所含氨基酸数目更多的聚酰胺，称为蛋白质。人们通常也根据相对分子质量的大小来划分多肽和蛋白质，将相对分子质量小于 10000 的称为多肽，而高于 10000 的称为蛋白质。

基础知识 3　蛋白质的组成和分类

1. 蛋白质的组成

蛋白质是一类很重要的生物高分子化合物，是各种生命现象不可缺少的物质，其组成因来源不同而异。蛋白质主要由 C、H、O、N、S 等元素组成，有些还含有 P、Fe 等元素。在组成蛋白质的元素中，氮元素是蛋白质中最特殊的元素，各种蛋白质的平均含氮量都接近于 16%。因此在生物试样中每克氮相当于 6.25g（即 100/16）的蛋白质。只要测定生物试样中的含氮量就可算出蛋白质的大致含量。

2. 蛋白质的分类

蛋白质的分类方法有多种，可根据溶解度及化学组成进行分类，也可按水解产物的不同来分类。

（1）按溶解度进行分类

① 不溶于水的纤维蛋白质　其结构为线状的多肽长链分子缠绕在一起，或呈纤维状平行排列，它是动物组织的主要构造材料。

② 能溶于水、酸、碱或盐溶液的球蛋白质　其分子形状呈球形，水溶性较大，其溶液实际上是胶体溶液。酶和血红蛋白是球蛋白质。

（2）按水解产物进行分类

① 单纯蛋白质　水解后只生成 α-氨基酸的，是单纯蛋白质，如清蛋白、球蛋白等。

② 结合蛋白质　水解后除生成 α-氨基酸，还生成非蛋白质物质（如糖、脂肪、含磷及含铁化合物等）的是结合蛋白质。

基础知识 4　蛋白质的性质

蛋白质与氨基酸有许多相似的性质，例如产生两性电离和成盐反应等。但是，蛋白质是高聚物，有些性质与氨基酸不同，如溶液的胶体性质、盐析与变性等。

1. 两性与等电点

与氨基酸相似，蛋白质也是两性的。在强酸性溶液中，蛋白质以正离子形式存在，在电场中向阴极移动；在强碱性溶液中，蛋白质以负离子形式存在，在电场中向阳极移动。

蛋白质的两性电离可用下式表示：

$$H_3N^+{-}P{-}COOH \underset{H^+}{\overset{OH^-}{\rightleftharpoons}} H_3N^+{-}P{-}COO^- \underset{H^+}{\overset{OH^-}{\rightleftharpoons}} H_2N{-}P{-}COO^-$$

P 表示不包括链端氨基和链端羧基在内的蛋白质大分子。

调节溶液的 pH 至一定数值时，蛋白质以偶极离子存在，其所带正、负电荷相等，在电场中既不向阴极移动，也不向阳极移动。此时溶液的pH就是该蛋白质的等电点pI。不同的蛋白质有不同的等电点。等电点时蛋白质在水中的溶解度最小，最容易沉淀。这个性质可以用来分离蛋白质。

2. 胶体性质

蛋白质分子的直径在1～100nm之间（胶粒范围内），因此其水溶液具有胶体性质。

多数蛋白质可溶于水溶液或其他极性溶剂，但不溶于非极性溶剂。蛋白质的水溶液具有亲水胶体溶液的性质，能电泳，不能透过半透膜。相对分子质量低的有机化合物和无机盐能透过半透膜。利用这个性质来分离、提纯蛋白质的方法称为渗析法。

3. 蛋白质的变性

在热、紫外线、X射线以及某些化学试剂（如硝酸、三氯乙酸、单宁酸、苦味酸、重金属盐、尿素、丙酮等）作用下，蛋白质的性质会发生变化，导致其溶解度降低而凝结。这种凝结是不可逆的，不能再恢复为原来的蛋白质。这种现象称为蛋白质的变性。变性后的蛋白质已无原有性质和生理效能。例如，高温灭菌消毒使细菌蛋白质凝固而死亡。

4. 显色反应

蛋白质中含有不同的氨基酸，可以与不同的试剂发生特殊的颜色反应，利用这些反应可以鉴别蛋白质。

（1）蛋白质的黄色反应

某些蛋白质遇硝酸后会变成黄色，再加氨处理又变为橙色。这是由于蛋白质中含有苯环结构的氨基酸（如苯丙氨酸、酪氨酸、色氨酸等）发生了硝化反应的缘故。当皮肤、指甲遇浓硝酸时变为黄色就是由于这个原因。

（2）茚三酮反应

蛋白质与茚三酮试剂反应生成蓝紫色化合物。

（3）缩二脲反应

在蛋白质溶液中加入碱和稀硫酸铜溶液显紫色或粉红色的反应称为缩二脲反应。生成的颜色与蛋白质种类有关。

5. 盐析

在蛋白质溶液中加入氯化钠或硫酸铵等无机盐溶液，则蛋白质从溶液中析出，这种作用叫做盐析。盐析是一个可逆过程。盐析出来的蛋白质可再溶于水而不影响蛋白质的性质。所有蛋白质都能在浓的盐溶液中盐析出来，但是各种不同蛋白质沉淀析出所需盐的最低浓度各不相同，盐析所需最低浓度称为盐析浓度。利用这种性质可分离蛋白质。

阅读材料1 氨基酸洗面奶

氨基酸洗面奶，就是以氨基酸为表面活性剂的洗面奶。

通常纯正的氨基酸体系的洗面奶，其pH不超过6，一般会在5.5左右，与人的皮肤pH相接近。氨基酸洗面奶，会在温度达到40℃以上后，有变软的现象，但不影响产品的使用质量。真正好的氨基酸表面活性剂做的洗面奶或洗护产品，其味道及刺激性很小，主要针对爱发痘痘、皮肤比较敏感的女生使用。

氨基酸作为洁面品的表面活性剂的优势有哪些呢？

①相比其他的表面活性剂，氨基酸的“出身”就比较好，是采取天然成分为原料制造而成的；②氨基酸本身呈弱酸性，正好切合了肌肤的酸碱度，不会对肌肤的酸碱度造成影响；③氨基酸作为表面活性剂，对肌肤的刺激性很小，亲肤性也特别好，洗净力适中；④用后无残留，避免了残留物质对皮肤天然保护层

的伤害；⑤可以长期使用，没有对肌肤有伤害的顾虑。

真正的纯氨基酸类洗面奶，特别是像牙膏状的那种，一般是以氨基酸系列表面活性剂中最温和的而且是活性含量必须在95%的粉状谷氨酸钠为原料配制的。其配方用量一般要达到20个点以上，才能做出膏状，这种体系有一个简单的方法可以辨别，挤一点膏体出来，加热到45℃以上，如果膏体变为完全澄清透明的。越透明澄清，说明主体原料谷氨酸钠越纯，活性含量越高，那此支产品洗后的感觉会越美妙。

好的氨基酸类洗面产品，应该是以水状或凝胶状的质地为比较稳定，成分也比较优良，而且泡沫量不会特别多，有一些粉沫状的氨基酸洗面产品，一般来说，就洗净力以及刺激性而言，相对会差一点；如果在产品中加入一些酶成分来提高洗净的效果，相对而言就比较优质一点。

阅读材料2　生命与蛋白质

蛋白质是生命的核心，没有蛋白质就没有生命，所以说蛋白质是生命的最基础物质。人体中每一个细胞和细胞中的重要组成，都离不开蛋白质。蛋白质占人体质量的19.3%，仅次于水的质量。

人身体内的蛋白质种类繁多，有10万种以上蛋白质，其性质、功能各异。常见蛋白质包括纤维蛋白、球蛋白、角蛋白、胶原蛋白、伴娘蛋白、肌红蛋白、血红蛋白等。所有蛋白质有着极其重要的生物学意义。

蛋白质主要有以下几种生理功能。

① 构成和修补人体组织。人体的每个组织如肌肉、内脏、皮肤、毛发、大脑、血液、骨骼，其主要成分都是蛋白质。人体的代谢、更新也需要蛋白质。人体受到外伤后，组织修补也要大量的蛋白质。

② 维持肌体正常的新陈代谢和各类物质在体内的输送。比如，血红蛋白——输送氧（红细胞更新速率250万个每秒），脂蛋白——输送脂肪。

③ 维持机体内的体液平衡，即渗透压的平衡和酸碱平衡。

④ 免疫球蛋白可维持肌体正常的免疫功能。免疫球蛋白有白细胞、淋巴细胞、巨噬细胞、抗体（免疫球蛋白）、干扰素等。

⑤ 构成人体必需的催化和调节功能的各种酶和激素的主要原料。

⑥ 维持神经系统的正常功能，包括味觉、视觉和记忆。

⑦ 提供热能。

人身体不仅离不开蛋白质，而且与蛋白质质量有密切关联。摄取什么样的蛋白质，对人的身体健康至关重要。

专家建议，正常人平均每日必须摄取蛋白质25g。建议在正常饮食外再补充10～20g蛋白质。自然界有植物蛋白质和动物蛋白质两种，两种蛋白质都是人身体必需的。

没有蛋白质就没有生命，没有优质蛋白质搭配，就没有健康的体魄。

但是蛋白质也不能过量，因为蛋白质在体内不能贮存，多了肌体无法吸收，过量摄入蛋白质，将会因代谢障碍产生蛋白质中毒甚至死亡。蛋白质的日推荐量和食物中的来源列于表11-1。

表11-1　蛋白质的日推荐量和食物中的来源

日推荐量			食物来源
组别	年龄/岁	蛋白质/g	
婴儿	0～1	13～35	鱼、蛋类、豆制品、坚果(如花生、向日葵籽、杏仁)、肉类(如牛肉、猪肉、鸡肉、羊肉)、小麦、乳制品等
儿童	1～10	35～70	
青少年	11～18	70～90	
成人		70～90	
孕妇		65～95	
乳母		95～100	

本章小结

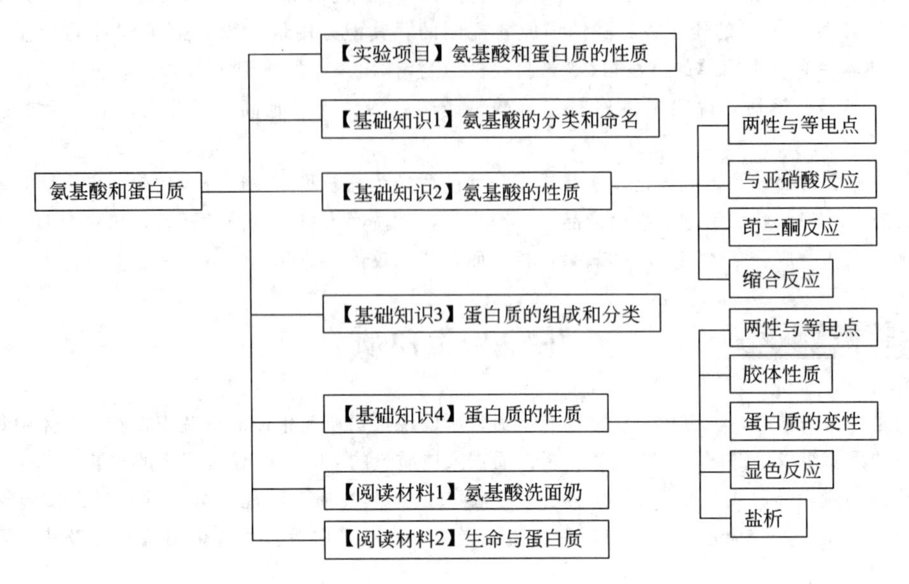

课后习题

1. 选择题

(1) 谷氨酸的 R 基为—$C_3H_5O_2$，在一个谷氨酸分子中，含有碳和氧的原子数分别是（　　）。

A. 4，4　　B. 5，4　　C. 4，5　　D. 5，5

(2) 蛋白质的结构和性质是相对稳定的，但也有很多因素可导致蛋白质变性失活。下列属于蛋白质变性的现象是（　　）。

①鸡蛋清中加入少许食盐可观察到白色絮状沉淀；②煮熟的鸡蛋不能恢复原状；③毛发燃烧发出焦臭味；④鸡蛋清遇浓硝酸变成黄色；⑤豆浆加热再加入石膏而成豆腐。

A. ①②③④⑤　　B. ①②④⑤　　C. ②③④⑤　　D. ①③④⑤

(3) 已知 20 种氨基酸的平均相对分子质量是 128，现有一蛋白质分子由两条多肽链组成，共有肽键 98 个，此蛋白质的相对分子质量接近（　　）。

A. 12800　　B. 12544　　C. 11036　　D. 12288

(4) 两个氨基酸缩合成二肽产生一个水分子，这个水分子中的氢来自（　　）。

A. 氨基　　B. R 基　　C. 氨基和羧基　　D. 羧基

2. 解释下列名词

(1) 氨基酸的等电点　　(2) 蛋白质变性

(3) 蛋白质的盐析

3. 某化合物的分子式为 $C_3H_7O_2$，具有旋光性，能与氢氧化钠和盐酸反应生成盐，与醇反应生成酯，与亚硝酸反应放出氮气，写出该化合物的构造式，并写出有关的反应式。

习题答案

第一章

略

第二章

1. (1) D　(2) D　(3) C　(4) D　(5) A

2. 略

3. 安全点火法是将导气管浸于水槽的水面以下，导气管出口的上面倒立一个小漏斗，漏斗管口连接尖嘴玻璃管，估计空气排尽后，就可以点火了。

4. 碎石棉载体的作用是吸附冰醋酸，受热时慢慢气化。

5. CH_4 50mL，C_2H_6 50mL

第三章

1. (1) C　(2) C　(3) B

2. (1) ×　(2) √　(3) ×　(4) ×　(5) √

3. 略

4.

$$\begin{array}{l} CH_3C{=}CCH_2CH_3 \\ \quad | \quad\ \ | \\ \ H_3C \ \ CH_3 \end{array}$$

5.

$$\begin{array}{l} CH_3CH{=}CCH_2CH_3 \\ \qquad\qquad | \\ \qquad\quad C_2H_5 \end{array} \qquad \begin{array}{l} \qquad\qquad\ CH_3 \\ \qquad\qquad\quad | \\ CH_3CH{=}CCHCH_3 \\ \qquad\qquad | \\ \qquad\quad\ CH_3 \end{array} \qquad \begin{array}{l} CH_3CH{=}CCH_2CH_2CH_3 \\ \qquad\qquad | \\ \qquad\quad\ CH_3 \end{array}$$

6. $CH{\equiv}CCH_2CH_3$

反应方程式略

7.

$$\begin{array}{l} CH_3CHCH_2C{\equiv}CH \\ \qquad | \\ \quad\ CH_3 \end{array}$$

反应方程式略

第四章

1. (1) C　(2) B　(3) D

2. (1) ×　(2) ×　(3) √　(4) √　(5) √

3. 略

4.

$$\text{(benzene ring)}\begin{array}{l} -CH_3 \\ -CH{=}CH_2 \end{array}$$

反应方程式略

第五章

1. (1) 2,4,4-三甲基-2-溴-戊烷　(2) 2-甲基-5-氯-2-溴己烷

(3) 2-溴-1-己烯-4-炔　(4) (Z)-1-溴丙烯或顺-1-溴丙烯

2.

3-溴环己烯（—Br）、氯代环己烷（—Cl）、碘代环己烷（—I）、甲苯（—CH_3）、环己烷 $\xrightarrow[EtOH]{AgNO_3}$

- 室温，淡黄↓
- 加热，白色↓
- 加热，黄色↓
- （—）、（—） $\xrightarrow{KMnO_4}$ 褪色、（—）

3. A： $CH_3CH_2CH{=}CH_2$　　B： $CH_3CH_2C{\equiv}CH$

$CH_3CH_2CH{=}CH_2 + Br_2 \longrightarrow CH_3CH_2CHBrCH_2Br \xrightarrow{NaOH/醇} CH_3CH_2C{\equiv}CH$

$CH_3CH_2C{\equiv}CH \xrightarrow{Br_2} CH_3CH_2CBr{=}CHBr + CH_3CH_2CBr_2CHBr_2$

$CH_3CH_2C{\equiv}CH \xrightarrow{AgNO_3 氨} CH_3CH_2C{\equiv}CAg\downarrow$

第六章

1. （1）（*Z*）-3-戊烯-1-醇　（2）2-溴-1-丙醇　（3）2,5-庚二醇　（4）4-苯基-2-戊醇
（5）乙二醇二甲醚　（6）间甲苯酚　（7）4-硝基-1-萘酚

2.

（1）$Ag(NH_3)_2^+$　现象：加入 $Ag(NH_3)_2^+$，前者有白色沉淀生成

（2）$FeCl_3$　现象：加入 $FeCl_3$，后者显示蓝色

（3）格式试剂　现象：加入格式试剂，前者立即出现浑浊，或者加热后出现浑浊

（4）浓 H_2SO_4 或 $AgNO_3$　现象：加入 $AgNO_3$，前者出现黄色沉淀

3. A： $(H_3C)_2C(OH)—CH_2CH_3$　　B： $(H_3C)_2C{=}CHCH_3$

C： $(H_3C)_2C(OH)—CH(OH)CH_3$　　D： $(H_3C)_2CBr—CH_2CH_3$

反应方程式略

第七章

1.

（1）$CH_3CH_2—C(CH_3)(OH)—CN$，$CH_3CH_2—C(CH_3)(OH)—COOH$

（2）$CH_3CH_2—C(CH_3)(OH)—SO_3Na$，$CH_3COCH_3$

（3）$CH_3—C(CH_3)(OH)—C_2H_5$

(4) 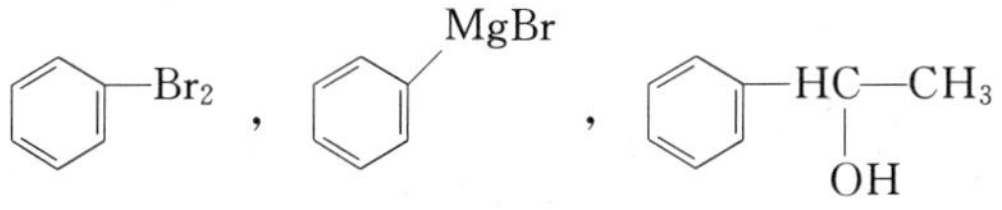 $C_6H_5-Br_2$ ， C_6H_5-MgBr ， $C_6H_5-CH(OH)-CH_3$

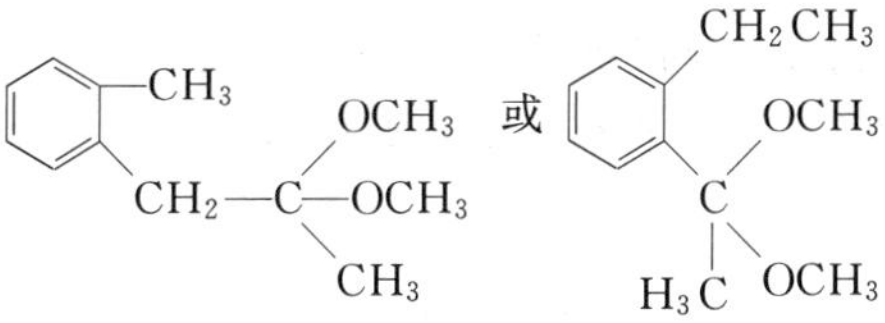

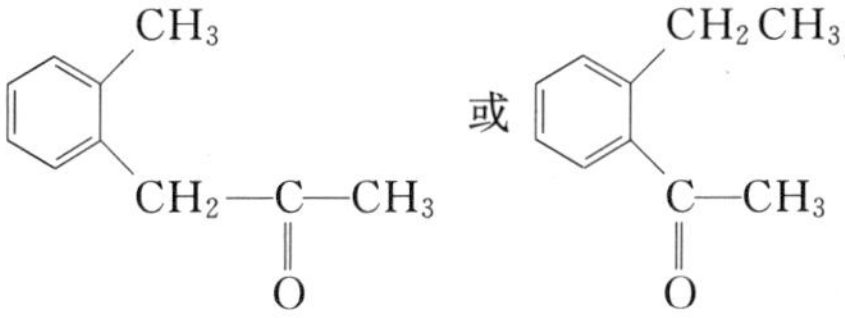

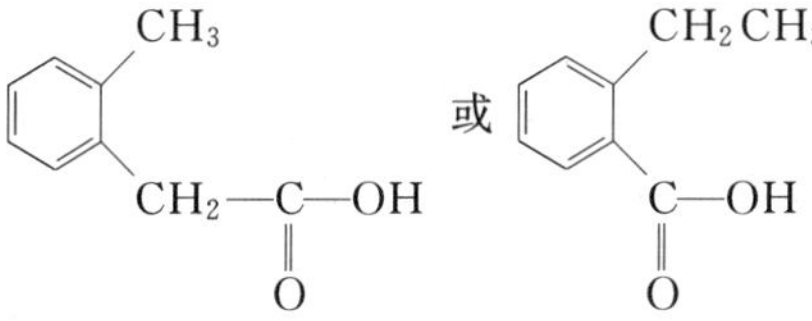

(5) 1-乙炔基环己醇钠（NaO，C≡CH）， 1-乙炔基环己醇（OH，C≡CH）

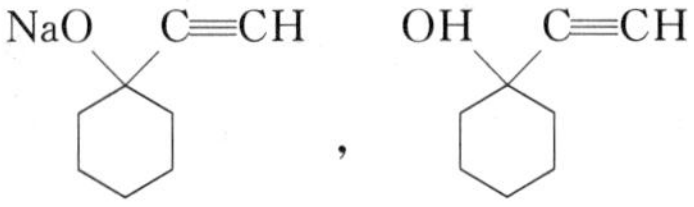

(6) 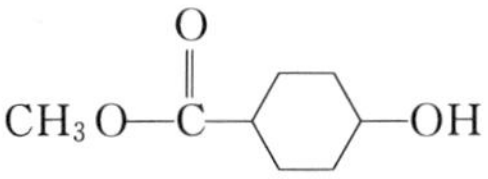 $CH_3O-\overset{O}{\overset{\|}{C}}-C_6H_{10}-OH$（环己烷对位）

(7) 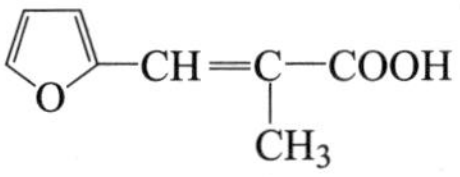 呋喃基$-CH=\underset{CH_3}{\underset{|}{C}}-COOH$

2.

A: 邻位 CH_3、$CH_2-C(OCH_3)_2-CH_3$ 取代苯 或 邻位 CH_2CH_3、$C(OCH_3)_2(CH_3)$ 取代苯

B: 邻位 CH_3、$CH_2-\underset{O}{\underset{\|}{C}}-CH_3$ 取代苯 或 邻位 CH_2CH_3、$\underset{O}{\underset{\|}{C}}-CH_3$ 取代苯

C: 邻位 CH_3、$CH_2-\underset{O}{\underset{\|}{C}}-OH$ 取代苯 或 邻位 CH_2CH_3、$\underset{O}{\underset{\|}{C}}-OH$ 取代苯

D: 邻位 CH_3、$CH_2CH_2CH_3$ 取代苯 或 邻位 CH_2CH_3、CH_2-CH_3 取代苯

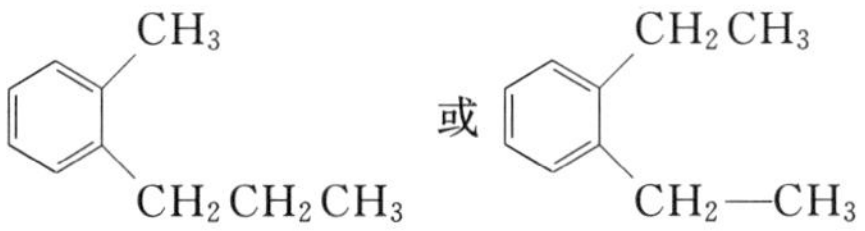

第八章

1. (1) 2-甲基丙酸（异丁酸） (2) 邻羟基苯甲酸（水杨酸） (3) 2-丁烯酸 (4) 3-溴丁酸

(5) 丁酰氯 (6) 丙酸乙酯 (7) 苯甲酰胺

2.

(1) $KMnO_4$ 现象：加入 $KMnO_4$，前者可使 $KMnO_4$ 的紫红色褪去

(2) $FeCl_3$ 现象：加入 $FeCl_3$，后者产生白色沉淀

(3) Br_2 或 $KMnO_4$ 现象：加入 $KMnO_4$，前者可使 $KMnO_4$ 的紫红色褪去

(4) ①$FeCl_3$ ②2,4-二硝基苯肼或 $I_2/NaOH$ 现象：加入 $FeCl_3$，物质②、③会产生白色沉淀，物质①无变化；将 2,4-二硝基苯肼滴入物质②、③，物质②中有黄色晶体析出

3. 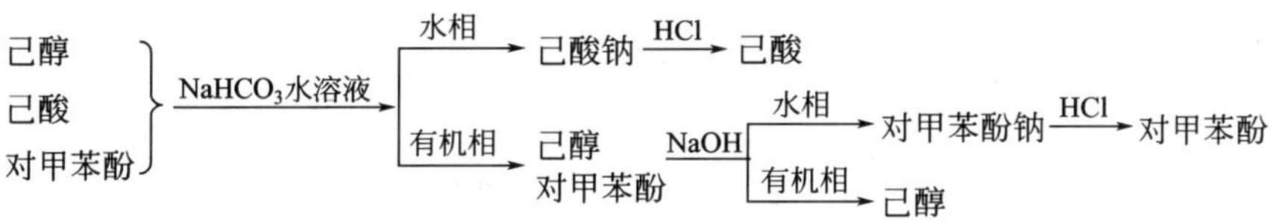 己醇、己酸、对甲苯酚 $\xrightarrow{NaHCO_3水溶液}$
- 水相 → 己酸钠 $\xrightarrow{HCl}$ 己酸
- 有机相 → 己醇、对甲苯酚 $\xrightarrow{NaOH}$
  - 水相 → 对甲苯酚钠 $\xrightarrow{HCl}$ 对甲苯酚
  - 有机相 → 己醇

4.

A：$\begin{array}{l} CH_2COOH \\ | \\ CH_2COOH \end{array}$　　B：O　O　O　　C：$\begin{array}{l} \quad\quad O \\ \quad\quad \| \\ \quad\quad COCH_3 \\ H_2C \diagup \\ | \\ H_2C \diagdown \\ \quad\quad COCH_3 \\ \quad\quad \| \\ \quad\quad O \end{array}$　　D：$\begin{array}{l} CH_2CH_2OH \\ | \\ CH_2CH_2OH \end{array}$

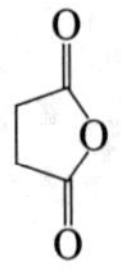

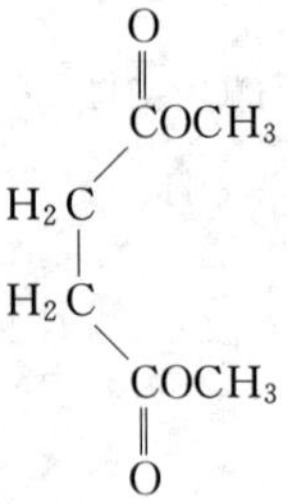

反应方程式略

第九章

1. (1) B　(2) A　(3) D　(4) D

2. 略

3. 在重结晶制取乙酰苯胺时，活性炭的作用主要是脱色和吸附其他杂质。溶液沸腾时加入活性炭，会引起突然暴沸，致使溶液冲出容器。

4. 反应物硝基苯与冰醋酸互不相溶，这两种固体与铁粉接触机会又少，因此需要经常振荡反应混合液，使还原作用完全，否则残留在反应液中的硝基苯在以下几步提纯过程中很难分离，因而影响产品纯度。

5. A：$\begin{array}{l} CH_3CHCHCH_3 \\ \quad\;\; | \quad\; | \\ \;\; H_3C \;\; NH_2 \end{array}$　B：$\begin{array}{l} CH_3CHCHCH_3 \\ \quad\;\; | \quad\; | \\ \;\; H_3C \;\; OH \end{array}$　C：$\begin{array}{l} CH_3C{=}CHCH_3 \\ \quad\quad | \\ \quad\;\; CH_3 \end{array}$

第十章

1. D

2. 略

3. 四氢吡啶＞苯胺＞吡啶＞吡咯

4. 吡咯＞呋喃＞噻吩＞苯＞吡啶

第十一章

1. (1) B　(2) C　(3) C　(4) C

2. 略

3. 略

参 考 文 献

[1] 高职高专化学教材编写组．有机化学．第 3 版．北京：高等教育出版社，2008.

[2] 高职高专化学教材编写组．有机化学实验．第 3 版．北京：高等教育出版社，2008.

[3] 索陇宁，卢永周．有机化学．北京：化学工业出版社，2011.

[4] 曾昭琼．有机化学实验．第 3 版．北京：高等教育出版社，2000.

[5] 李莉．有机化学．大连：大连理工大学出版社，2006.

[6] 索陇宁．化学实验技术．北京：高等教育出版社，2006.

[7] 初玉霞．有机化学．北京：化学工业出版社，2001.

[8] 王俊儒，马柏林，李炳奇．有机化学实验．北京：高等教育出版社，2007.

[9] 孙世清，王铁成．有机化学实验．北京：化学工业出版社，2010.

[10] 刘湘，刘士荣．有机化学实验．北京：化学工业出版社，2007.

[11] 丁长江．有机化学实验．北京：科学出版社，2006.

[12] 孔祥文．有机化学．北京：化学工业出版社，2010.

[13] 魏荣宝．高等有机化学．北京：高等教育出版社，2007.

[14] 高占先．有机化学．北京：高等教育出版社，2007.

[15] 杨丰科，李明，李风起．系统有机化学．北京：化学工业出版社，2004.

[16] 陈长水．有机化学．北京：科学出版社，2009.

[17] 韦德．有机化学．北京：高等教育出版社，2009.

[18] 袁华，尹传奇．有机化学实验．北京：化学工业出版社，2008.

[19] 徐国财，张晓梅．有机化学．北京：科学出版社，2008.

[20] 赵建庄，符史良．有机化学实验．北京：高等教育出版社，2007.

[21] 王福来．有机化学实验．武汉：武汉大学出版社，2001.

[22] 徐寿昌．有机化学．北京：高等教育出版社，2002.

[23] 侯文顺．高聚物生产技术．北京：化学工业出版社，2003.

[24] 高鸿宾等．有机化学．北京：高等教育出版社，2005.

[25] 王玉炉．有机合成化学．北京：科学出版社，2009.